GROUPE DIONYSIEN DE LA

Ligue de l'Enseignement Laïque

Fondée en 1879

Siège Social et Bibliothèque Populaire

2, pl. de la Légion-d'Honneur

Cours d'Adultes Publics et Gratuits

et Conférences Populaires

Ecole Boulevard de Châteaudun

Exp. Univ. 1900, Médaille Argent

De l'Instruction
naît la grandeur des Nations

Règlement de la Bibliothèque

ARTICLE PREMIER. — La Bibliothèque est ouverte tous les soirs de 8 heures à 10 heures. Jeudi et dimanche excepté.

ART. 2. — Toute personne habitant St-Denis, âgée de 15 ans révolus, pourra emprunter des livres, en versant dans le tronc, à titre d'indemnité pour leur entretien **cinq centimes par Volume.**

ART. 3. — Les membres faisant partie de la Ligue, ont droit au prêt gratuit, sur la présentation de leur carte ou reçu de cotisation.

ART. 4. — Tout lecteur se présentant pour la première fois devra donner exactement ses nom, prénoms, profession et adresse. En changeant de demeure, en avertir le bibliothécaire.

ART. 5. — Les mineurs devront habiter chez leurs parents; ceux en chambres meublées devront se faire garantir par leur logeur. Les employés logés, par leurs patron.

ART. 6. — Les livres empruntés ne pourront être au nombre de plus de deux et rester plus de 15 jours entre ses mains, à moins d'une autorisation spéciale, en égard au format de l'ouvrage.

ART. 7. — Tout retard dans la rentrée de l'ouvrage prêté sera passible d'une amende de *cinq centimes* par volume et par semaine.

ART. 8. — Pour toute dégradation ou perte d'un volume, une indemnité sera exigée

ART. 9. — Une petite fiche, servant de signet, est donnée avec le livre pour le contrôle, portant les numéros des volumes, les noms et adresses, les dates d'entrée et de sortie. **Bien la conserver et la rapporter** à chaque nouvel emprunt. Le Bibliothécaire a seul le droit de délivrer et de répandre les volumes.

SYNTHÈSE

DU TRANSFORMISME

A LA MÉMOIRE DE MON PÈRE

VICTOR COULON

Mon premier Maître et mon meilleur Ami.

RAIMOND COULON.
Val-de-la-Haye, 1er mai 1892.

« Etres chéris dont la mort a touché le front, il nous plaît de penser que vous pouvez ressentir encore l'affection que nous vous gardons au fond de nos cœurs et que votre pensée radieuse ne s'est pas éteinte pour jamais, alors que se conservent éternellement dans l'éther infini les vibrations de l'étoile qui luit aux cieux. » — Edm PERRIER.

ROUEN. — IMP. E. CAGNIARD, 88, RUE JEANNE-DARC

SYNTHÈSE

DU

TRANSFORMISME

DESCRIPTION ÉLÉMENTAIRE DE L'ÉVOLUTION UNIVERSELLE

PAR

RAIMOND COULON

Transformez-vous ou vous périrez.

PARIS

C. REINWALD & Ce, LIBRAIRES-ÉDITEURS

15, RUE DES SAINTS-PÈRES, 15

1892

PRÉFACE

Une chose frappera certainement le lecteur de ce livre : c'est sa forme.

Elle est une conséquence des circonstances particulières qui lui ont donné la vie. Aussi, croyons-nous devoir en dire quelques mots.

Cette entrée en matière aura l'avantage de faire connaître immédiatement le but de l'ouvrage, et de montrer, une fois de plus, qu'il ne faut jamais introduire la passion religieuse dans les questions scientifiques.

Nous traversons une époque d'inquiétude physique et morale dont le caractère devrait imposer à tous une extrême prudence. Les confusions de pouvoir, entre les trois grandes provinces du savoir humain qui s'appellent la Science, la Philosophie et la Théologie, amènent promptement des conflits regrettables. Les hommes qui les provoquent habituellement feraient mieux de se rappeler que, si on doit laisser à Dieu ce qui est à Dieu, il n'est ni juste ni prudent pour eux d'essayer d'enlever à César ce qui appartient à César.

La théorie de l'évolution de la matière ou le transformisme, pour la désigner par un mot universellement adopté, a toujours été poursuivie par ceux qui se sont donnés la mission de défendre le trône et l'autel.

Tant que la science s'est bornée à enregistrer des faits et à les cataloguer sans commentaires, elle est demeurée à peu près libre ; mais aussitôt qu'elle a voulu utiliser ses connaissances en établissant des comparaisons, dès qu'elle a voulu unifier ses principes et rechercher les lois primordiales de la matière, alors s'est dressée en face d'elle la formidable coalition de tous les représentants du droit divin.

Bientôt sont venus se grouper autour d'eux les gens qui ne veulent à aucun prix laisser restaurer le vieil édifice où ils s'abritent. Ils préfèrent sans doute être prochainement écrasés sous ses ruines.

Entre la science progressive et l'autorité théocratique immuable, la lutte prit rapidement, mais à tort selon nous, un caractère de violence qui s'accentue de plus en plus.

Aujourd'hui, on croirait que tout essai de vulgarisation est immédiatement signalé à de certains centres qui, suivant les circonstances, l'étouffent sans bruit ou le font réfuter comme ils peuvent.

Il eut été extraordinaire que notre œuvre, malgré sa modeste sphère d'action, échappât aux limiers noirs. Un beau jour (ou plutôt un certain mercredi soir), ils nous découvrirent et la poursuite commença.

Il existe à Rouen une Société qui, depuis son origine (elle est actuellement centenaire), a toujours tenu à honneur de figurer au premier rang du progrès. Trois de ses membres risquèrent leur vie pour protéger la science sous la première République. Un demi-siècle plus tard, tous, sans exception, payèrent de leur personne et de leur bourse, pour développer notre industrie régionale par une tentative hardie. Elle fonda des cours publics et gratuits alors que l'instruction publique était profondément négligée en haut lieu. Ensuite, elle ouvre un musée industriel, elle encourage les inventeurs, décerne des prix aux auteurs de travaux d'utilité publique. Ses membres sont partout où il y a du bien à faire ; aussi, est-elle partout respectée.

Le secret de sa grande force et de sa jeunesse, sur

lesquelles les années n'ont pas de prise, c'est la parfaite union de ses membres sur le terrain scientifique. Aucune tempête religieuse ou politique n'agite ses réunions que *Minerve couvre de son égide*. C'est une ruche où chacun travaille au bien de tous. C'est un vaste atelier où *la science guide l'essort de l'art et de l'industrie*.

Par les travaux personnels de ses membres, par la parole de ses professeurs, elle répand autour d'elle les bienfaits matériels de l'instruction ou les jouissances de l'esprit.

Chargé par elle d'un cours de cosmographie générale, nous exposions, chaque année, devant un petit groupe d'auditeurs, les progrès les plus récents de la science; nous développions, sans parti-pris, les théories évolutionnistes appliquées à la constitution de l'espace céleste et des globes qui le peuplent.

Personne ne songeait à s'en offenser. Nos auditeurs nous présentaient même quelquefois des objections et il s'en suivait des controverses extrêmement intéressantes et toujours courtoises. Adversaires et partisans du transformisme étaient heureux de se rencontrer le mercredi soir, car le cours, vu l'âge et la qualité des auditeurs, était devenu en fait une suite de conférences ne répondant à aucune des matières exigées pour l'obtention des grades universitaires.

Tout à coup éclata une dénonciation contre notre enseignement. Nous étions accusé de corrompre la jeunesse en enseignant des doctrines subversives.

Malheureusement, quelqu'un se fit, dans la Société, le porte-parole du dénonciateur anonyme. Une enquête fut ouverte. Sommé par nous-même de faire la preuve des faits allégués ou de se rétracter, celui qui n'avait pas craint de soulever un pareil conflit, se déroba, après avoir épuisé, pendant quatre mois, tous les moyens dilatoires qu'il put trouver dans les règlements et les statuts.

Il reçut le châtiment qu'il méritait.

Puis la Société décida qu'elle entendrait, de la bouche même du professeur, l'exposé sommaire de ces fameuses théories, si dangereuses soi-disant pour la jeunesse.

Alors naquit la présente synthèse du transformisme.

Les conditions de son origine expliquent sa forme concise et essentiellement descriptive.

Elle devait réunir, sous un petit volume, la substance de la doctrine; de là la nécessité d'éliminer tout ce qui n'était pas absolument nécessaire pour lier solidement la charpente générale; de là aussi la nécessité de supprimer, ou de rejeter en note, les preuves connues de tout le monde, ou que chacun peut aisément trouver dans les traités scientifiques élémentaires. Enfin, cette synthèse s'adressant à des personnes de professions diverses, elle ne devait pas contenir de parties trop spéciales, trop techniques pour ne pouvoir être comprises à première audition.

Elle était un plaidoyer pour notre propre défense et n'était en aucune façon destinée à la publicité.

Plus tard, quelques amis nous engagèrent à la publier en la développant un peu, mais sans en changer le plan qu'ils jugèrent bon. En outre, une *Critique des théories évolutionnistes*, spécialement composée pour réfuter notre synthèse, nous a montré qu'il fallait enserrer beaucoup plus vigoureusement que nous l'avions fait tout d'abord la partie relative à la fixité des espèces organiques.

Notre synthèse, ainsi modifiée, s'adresse non aux savants, mais aux gens du monde. Elle peut être comprise par quiconque possède les notions élémentaires des sciences physiques et naturelles. C'est une suite de causeries cosmogéniques et rien de plus.

Aujourd'hui, il n'est plus permis d'ignorer ce que c'est que le transformisme. A chaque instant on peut en entendre parler et être fort empêché pour répondre; car tout le monde ne peut pas consacrer temps et argent à l'acquisition et à la lecture de l'immense bibliothèque transformiste.

C'est pourquoi nous avons cherché à condenser dans un volume, ne demandant que quelques instants d'attention, tout ce qui compose essentiellement le système scientifique de l'évolution universelle.

La première partie donne l'ossature matérielle, le squelette, si on peut s'exprimer ainsi, du corps évolutionniste.

La seconde, précise la discussion relative à la fixité ou à la variabilité des espèces. Elle définit la sphère d'action de la doctrine qui est et doit rester toujours matérielle et expérimentale *jamais théologique.*

Nous n'avons pas, bien entendu, la prétention d'être l'oracle de l'école transformiste. Nous avons apprécié cette admirable conception à notre point de vue tout spécial de vulgarisation populaire. Un autre objectif modifierait les détails du tableau.

Nous avons fait tous nos efforts pour nous maintenir à la hauteur de la tâche que nous avons entreprise; mais nous avons conscience d'avoir succombé en maints endroits.

En ces endroits, nous prions le lecteur d'être indulgent et de ne pas nous accabler; qu'il nous tende au contraire une main secourable, qu'il unisse ses efforts aux nôtres en puisant dans sa propre science les éléments qui manquent à notre savoir.

Qu'il veuille bien se rappeler que pour faire une synthèse complète et parfaite du transformisme il faudrait posséder toutes les sciences, être doué d'un profond jugement, être impartial en tout. Être savant, philosophe, écrivain. Être omnicient.

Une semblable perfection ne pourrait être atteinte que par un dieu ou rêvée par un fou.

RAIMOND COULON,
OFFICIER D'ACADÉMIE.

Val-de-la-Haye, janvier 1892.

SYNTHÈSE DU TRANSFORMISME

Rien ne se perd,
Rien ne se crée,
Tout se transforme incessamment.

INTRODUCTION

I. Le plan général de cette synthèse ne nous permet pas de retracer, même en quelques mots, les différents systèmes auxquels les hommes ont eu recours pour expliquer le mécanisme de la Nature. Nous pouvons seulement dire que, de tout temps, l'homme a voulu connaître le pourquoi et le comment de ce qui l'environne ; que de tout temps, aussi, il a mis en œuvre les ressources de son intelligence pour découvrir le mystère de son origine et résoudre le problème de sa destinée.

L'histoire philosophique de l'humanité n'est qu'une longue suite de tentatives infructueuses pour atteindre ce but tant désiré.

Hélas! l'homme, comme un enfant présomptueux, voulut lire dans le livre de la Nature, sans se donner la peine d'en apprendre l'alphabet. Il chercha à deviner et se trompa. Il fit de la métaphysique avant d'être physicien; il dédaigna l'étude laborieuse de la matière; il méprisa l'expérience et prétendit découvrir de prime saut, par les seules lumières de sa raison à peine éclose, les secrets ressorts qui font mouvoir les Mondes et vivre l'Univers. Il entassa erreurs sur erreurs.

Il inventa d'abord des régions surnaturelles et les peupla de dieux et de démons pétris à son image; puis, tremblant devant les fantômes sortis de son cerveau, il se fit l'esclave de craintes chimériques et de superstitions ridicules.

La masse humaine tomba dans les plus grossières fictions cosmogéniques; mais quelques intelligences mieux douées s'élevèrent au-dessus des croyances populaires et eurent le courage de les braver.

Les philosophes de l'antiquité soupçonnèrent la véritable nature du Monde. Il est hors de doute que quelques-uns, surtout Pythagore et Lucrèce, en eurent, au moins, l'intuition. Ils proclamèrent l'éternité de la matière et du mouvement et peuvent être considérés comme les précurseurs de la science moderne et du Transformisme[1].

Mais il nous faut aller vite, et, sans entrer dans les

[1] « Idem semper erit : quoniam semper fuit idem. » *Astronomicon*, de M. Manilius, poète latin de la fin du règne d'Auguste.

détails, prendre la science dans son état actuel, avec ses tendances, ses aspirations, ses vérités et ses hypothèses, en un mot, telle que l'a faite la méthode expérimentale et le positivisme moderne.

Dès l'abord, elle nous apparaît fort différente de ce qu'elle était il y a seulement un demi-siècle. D'analytique, elle est devenue synthétique, et c'est toujours un grand progrès quand le savoir humain passe de l'analyse à la synthèse.

Par l'analyse, l'homme pénètre de plus en plus dans l'intime constitution des choses; mais c'est la synthèse seule qui le conduit à la découverte des lois générales de la Nature.

L'analyste édifie péniblement des classifications illusoires, des catégories factices ; il segmente, découpe, émiette tout ce qu'il touche. Bientôt, il perd de vue l'objectif primitif de ses recherches. Les méthodes qui ne sont qu'un moyen, un instrument, absorbent ses facultés et deviennent son but. Il étudie pour classer et faire entrer de gré ou de force dans les moules qu'il a imaginés l'infinie variété des formes qui composent l'univers.

Par un mécanisme inverse, l'esprit synthétique rassemble, réunit, reconstitue ce que l'analyste a désagrégé. Lorsque la synthèse embrasse plusieurs sciences, elle devient comparative et, à ce moment, elle peut servir à édifier, sur des bases solides, les doctrines et les systèmes cosmogéniques.

Parvenue à ce point, qui est le nôtre, la science fait

descendre de leur piédestal les classifications naguère toutes puissantes; elle cesse de les considérer comme représentant des sections réelles de la nature, des lignes de démarcation, traçant dans la chaîne ininterrompue de la vie, des castes plus ou moins nobles, où les minéraux, les plantes et les bêtes devront éternellement subir, sans aucun espoir d'avancement, le joug d'une destinée immuable.

On ne saurait trop le répéter, les classifications ne sont que des catalogues, des tables utiles à consulter, mais la nature ne les connaît pas. Elle ne fait ni physique, ni chimie, ni astronomie, ni règnes, ni espèces, ni genres; elle ne produit que des individus plus ou moins semblables, plus ou moins différents les uns des autres. Sa marche est libre et nos mesquines réglementations d'école ne sauraient l'atteindre.

« Certes, les méthodes sont très utiles, lorsqu'on ne les emploie qu'avec des restrictions convenables; elles abrègent le travail. Voilà leur principale utilité, mais l'inconvénient est de vouloir trop allonger ou resserrer la chaîne; de vouloir diviser la nature en des points où elle est indivisible, et de vouloir mesurer ses forces par notre faible imagination[1]. »

« C'est enfin que dans le système des connaissances humaines tout se tient, tout s'enchaîne étroitement et qu'on ne peut y introduire une vérité nouvelle sans

[1] Buffon.

qu'elle amène des conséquences imprévues par son alliance avec toutes les autres [1]. »

« Les vrais philosophes naturalistes ne sont pas ceux qui se sont attachés à la précision méticuleuse en tout, mais les autres qui, faisant au contraire une large part aux imperfections des méthodes, ont saisi, par une puissante conception de leur génie, les grandes lois qui régissent la Nature et règlent l'Univers [2]. »

En somme, toute réfutation de la doctrine transformiste qui aura pour base unique une argumentation tirée de considérations de méthodes ou de classification devra être considérée comme étant de peu de poids et même nulle, si elle n'est soutenue par une suite d'expériences probantes.

Avant de commencer l'exposé même du transformisme, nous devons encore attirer l'attention sur un point : c'est la facilité avec laquelle la plupart des hommes prennent les mots pour des choses, et, de la meilleure foi du monde, se déclarent satisfaits et suffisamment instruits, quand on leur a enseigné que le pavot fait dormir parce qu'il possède des propriétés dormitives.

Cette définition fait rire et, cependant, en quoi diffère-t-elle, au fond, de celle que nous acceptons sérieusement quand on nous enseigne que le fer et le soufre se combinent en vertu de l'affinité qu'ils ont l'un pour l'autre.

[1] Jannsen.

[2] Raimond Coulon, ETUDES RADIODYNAMIQUES, publiées dans le journal *La Lumière électrique*, 1882.

Mais qu'est-ce donc que l'affinité? Qu'est-ce que la cohésion? Qu'est-ce que la prétendue force vitale? De semblables définitions ne sauraient nous satisfaire aujourd'hui.

C'est le propre de l'enfance de la science de voir dans chaque phénomène l'effet d'une cause spéciale et d'imaginer autant d'espèces de forces occultes qu'elle perçoit de sensations différentes.

C'est dans cette période embryonnaire que prirent naissance tous les agents physiques, tous les fluides impondérables[1]. On inventa la cohésion pour présider à la liaison des molécules semblables; l'affinité fut chargée d'unir étroitement les atomes de natures différentes. On logea modestement la capillarité dans les interstices des corps poreux. L'éther eut pour mission de véhiculer gratis, avec exactitude et célérité, les agents physiques qui désireraient changer de place.

La science moderne est moins accommodante. Les mots ne lui suffisent plus. Il lui faut des causes tangibles et mesurables et non des entités imaginaires.

[1] Voici ce que dit Péclet dans son *Traité de Physique* : « Un grand nombre de phénomènes ont conduit à admettre l'existence de plusieurs fluides, d'une subtibilité extrême, qui pénètrent tous les corps et qui sont complètement dépourvus de pesanteur. Les fluides impondérables admis jusqu'ici (1832) sont au nombre de cinq, savoir : le calorique, les fluides électriques, magnétiques, galvaniques et la lumière. » — *Traité élémentaire de Physique*, E. Péclet, Paris, 1832, t. I, p. 390.

Nous donnons cette note pour permettre de se rendre compte des progrès de la science depuis cinquante ans.

Elles les a rejetées loin d'elle et c'est ainsi que toutes les forces se sont réduites à deux : l'attraction universelle et la répulsion calorifique, se résolvant elles-mêmes en mouvement mécanique; que tous les fluides ont été identifiés avec le mouvement vibratoire.

L'immense fatras des causes occultes ou impondérables s'est fondu en quelques principes que nous résumerons à leur tour dans l'énoncé suivant : *L'Univers se compose, existe et manifeste son existence par une suite ininterrompue de mouvements mécaniques et de mouvements vibratoires ayant pour points d'application la matière et pour milieu l'espace cosmique.*

Cet énoncé renferme le cœur même du Transformisme. Il représente pour ainsi dire l'âme éternellement vivante de cette doctrine, parce que, comme elle, il n'implique ni commencement, ni fin, mais une succession d'actes liés les uns aux autres, de telle sorte que celui qui finit est la cause de celui qui commence; que la somme d'énergie consommée est toujours égale à la somme de l'énergie produite; que rien n'est créé, que rien n'est anéanti et que tout se transforme incessamment.

II. Longtemps confinée dans le domaine assez restreint de la zoologie, la théorie de l'évolution a pénétré peu à peu dans toutes les sciences. Aujourd'hui, elle est universelle, en ce sens qu'elle embrasse tous les aspects de la matière et toutes les formes du mouvement.

Le transformisme pourrait revendiquer pour lui une

haute antiquité. Lucrèce l'a pressentie; les philosophes du XVIIIe siècle l'ont deviné et décrit dans ses grandes lignes avec une remarquable justesse d'expression[1]; mais c'est un français, J.-B. Antoine de Monet, chevalier de Lamarck (1744-1829), qui a eu l'honneur de poser la pierre angulaire de l'édifice, en lui donnant pour assise la science expérimentale.

Nous trouvons dans ses écrits les véritables formules de la doctrine tout entière. J'en citerai deux textuellement; mais, auparavant, arrêtons-nous un instant, et rendons hommage à la mémoire de ce grand homme, victime de l'audace de son génie, de la haine d'un courtisan et aussi, chose bien triste à dire, de l'indifférence et presque du mépris de ses contemporains.

« Lorsque parut, en 1809, sa philosophie zoologique, ouvrage dans lequel il exposa sa doctrine, on fit le vide et

1 Voir le *Système de la Nature*, du baron d'Holbac, publié sous le pseudonyme de J.-B. Mirabeau, en 1770, chapitre III, intitulé : *De la Matière, de ses combinaisons différentes et de ses mouvements divers*, pages 35 et suivantes.

Il y est dit :

A parler exactement, rien ne naît, rien ne meurt dans la Nature. Vérité qui a été sentie par plusieurs philosophes anciens.

Empédocle a dit : Il n'y a ni naissance ni mort pour chacun des mortels, mais seulement une combinaison et une séparation de ce qui était combiné.

Platon avoue que, suivant une ancienne tradition, les vivants naissent des morts, de même que les morts venaient des vivants et que c'est là le cercle constant de la Nature.

C'était aussi la doctrine de Pythagore.

le silence autour de l'auteur et du livre. Le silence fut si profond que, quarante ans plus tard, Darwin, ayant de nouveau mis au jour la doctrine de Lamarck, personne ne se souvint de ce dernier [1] ».

Il a fallu qu'un Allemand apprit aux Français que le Transformisme avait pour père véritable... un Français.

Lamarck a dit :

« 1° Toute connaissance, qui n'est pas le produit réel de l'observation ou des conséquences tirées de l'observation, est tout à fait sans fondement et véritablement illusoire ;

» 2° La recherche continuelle des vérités auxquelles l'homme social peut espérer de parvenir lui fournira *seule* le moyen d'améliorer sa situation et de se procurer la jouissance des avantages qu'il est en droit d'attendre de son état de civilisation. »

Ces deux principes résument l'esprit philosophique du Transformisme. Le premier nous montre ses racines en proclamant qu'il a pour base la méthode expérimentale.

Le second nous fait apercevoir, dans le lointain, la moisson promise, le sommet à atteindre, c'est-à-dire l'amélioration du sort de l'humanité en général par le progrès scientifique et la liberté.

Après Lamarck, nous trouvons l'Anglais Darwin. C'est lui qui a su attirer l'attention publique et forcer les adversaires de Lamarck à rompre le silence.

[1] Lanessan, *Transformisme*, pages 28 et suivantes.

Enfin, un Allemand, le docteur Hæckel, celui-là même qui a rendu justice à notre illustre compatriote, a étudié au microscope les formes primitives de la matière vivante. Il a démontré, d'une façon rigoureuse, que le règne végétal et le règne animal se confondent en une commune origine.

L'autorité et le nombre des savants qui ont suivi, en l'élargissant, la route ouverte par ces grands penseurs, nous est un sûr garant que le Transformisme n'est pas une utopie, une hypothèse en l'air, mais bien l'expression de la réalité. D'ailleurs, ses points d'appui sont aujourd'hui trop nombreux et trop solidement reliés les uns aux autres pour qu'une réfutation, d'où qu'elle vienne, puisse en disjoindre la charpente.

A côté de ces grands esprits qui ont consacré leur temps, leur science et leurs pensées à pénétrer le mystère de la genèse des mondes, nous nous sentons nous-mêmes bien faibles et de bien minime valeur. Notre synthèse n'aspire pas à l'honneur d'être un soutien nouveau ajouté à tant d'autres ; elle ne constitue pas une pierre spéciale de l'édifice, mais simplement une suite de photographies reproduisant les principaux aspects du monument tout entier.

Nous n'avons rien découvert par nous-mêmes ; aucune parcelle de cette admirable conception ne nous appartient en propre.

Nous avons consacré tous nos efforts à la bien comprendre pour la bien enseigner, et notre rôle ici même est celui d'un narrateur décrivant un système scientifique.

Nous sommes cosmographes, et cela nous suffit.

Notre but, en professant publiquement le Transformisme[1], est de traduire en un langage accessible à tous et de vulgariser le plus possible cette grandiose conception humaine d'un Univers toujours nouveau trouvant dans sa perpétuelle destruction la source de son éternelle durée.

Pour nous faciliter l'étude d'un aussi vaste domaine, nous serons obligés de le diviser, de faire une classification, mais en nous rappelant que cette classification n'existe pas dans la nature, qu'elle n'est rien autre chose qu'un procédé destiné à soulager l'esprit et propre à lui fournir des points de repère pour préciser ses recherches.

Nous adopterons les divisions suivantes :

1° L'évolution sidérale ;
2° L'évolution organique;
3° L'évolution intellectuelle;
4° L'évolution sociale.

Nous les examinerons successivement.

[1] Notre cours public et gratuit de cosmographie générale, étude des théories transformistes, date de l'exercice 1886-1887. — Nous en publions le programme à la fin de ce volume.

PREMIÈRE PARTIE

I

ÉVOLUTION SIDÉRALE

I

ÉVOLUTION SIDÉRALE

CYCLE DES TRANSFORMATIONS ASTRONOMIQUES ET MÉCANIQUES DE LA MATIÈRE

I. Pour démontrer l'unité de la matière et son évolution nous avons recours à des preuves tirées de l'astronomie, de la physique, de la chimie, de la géologie et de la mécanique.

Nous prendrons, dans chacune de ces sciences, des vérités positives prouvées expérimentalement, nous les comparerons entre elles et nous en tirerons notre conclusion, c'est-à-dire la preuve de l'évolution mécanique de la matière.

Nous commencerons par interroger la physique et la chimie. Elles nous diront ce que la science possède de certain sur les propriétés des éléments constitutifs de la matière.

La chimie nous enseigne que l'immense multitude des corps qui forme la terre se réduit à environ soixante substances, actuellement indécomposables, douées de propriétés plus ou moins différentes et que, pour cette raison, on a désignées sous le nom de corps simples ou élémentaires.

Si nous établissons des comparaisons entre les propriétés chimiques des corps et leurs propriétés physiques, nous apercevons immédiatement des relations et des rapports tendant vers l'unité. En voici quelques exemples :

La loi de Mariotte nous montre que les corps gazeux se compriment tous de la même manière, quelle que soit leur composition.

Si on multiplie l'équivalent d'un corps simple ou même composé par sa chaleur spécifique, on obtient un nombre constant[1].

A ces lois, nous pouvons ajouter celles de Gay-Lussac sur les volumes des combinaisans gazeuses ; celle de Joule, concernant les rapports qui existent entre le *travail mécanique* et la *chaleur*[2].

Ces lois, qui portent, à juste titre, les noms des savants qui les ont découvertes, nous font entrevoir que

[1] Loi de Dulong et Petit. Exemples :

Mercure :	chaleur spéc. :	0.0333 —	Poids atomique :	1.250	=41.60
Etain :	—	0.0562	—	737	=41.42
Sélénium :	—	0.0837	—	496.87	=41.39

Etc., etc., etc.

[2] Equivalent mécanique de la chaleur :

1 calorie équivaut à 425 kilogrammètres.

D'après M. Hirn, ce nombre serait 413.

— M. Favre, — 423.

— M. Joule, — 424, 425, 426, 441.

les corps simples ou élémentaires ont une certaine quantité de propriétés communes, ce qui indique une origine commune.

D'autre part, l'étude de la chimie nous montre que les propriétés des substances composées n'ont, dans certains cas, aucun rapport avec leur composition élémentaire. Parfois, au contraire, une substance chimiquement simple se présente sous des aspects tellement différents qu'on serait tenté de considérer chacun d'eux comme formant un corps élémentaire particulier.

Cette unité de constitution, jointe à cette multiplicité de propriétés incompatibles, serait inexplicable sans l'intervention des « agents physiques », c'est-à-dire de la chaleur, de la lumière ou de l'électricité.

Ici, nous devons préciser ce que la science moderne entend par l'expression « agents physiques », car il importe, avant tout, d'éviter les confusions de langage.

Nous dirons donc une fois pour toutes que les « agents physiques » ne sont pas des fluides impondérables plus ou moins analogues à des gaz, mais des « mouvements vibratoires » d'amplitudes et de directions diverses, ayant pour point d'application soit les molécules, soit les atomes, soit, enfin, une unité encore plus infime de la matière, que quelques savants désignent sous le nom de « primates », ultimates, matière radiante, matière cosmique ou d'éther[1].

[1] M. Hiru n'admet pas que l'éther puisse être de la matière à l'état

En outre, la science possédant la preuve expérimentale que les différents « agents physiques », chaleur, lumière, électricité, d'une part, et le « travail méca-

d'extrême division, de liberté absolue entre toutes ses parties. Il appuie son dire sur des arguments mathématiques.

« En dehors de toute interprétation relative à la cause de la pesanteur ou de l'attraction de la matière sur la matière, nous reconnaissons sous une face nouvelle qu'il n'existe dans l'espace céleste aucune trace de matière continue ou discontinue, en repos ou en mouvement. » *Action d'un milieu matériel sur le mouvement des planètes*, pages 289 et suivantes.

M. Hirn admet trois natures d'existences différentes : « L'élément *matière*, l'élément *dynamique* ou de relation, l'élément *animique* ou vital. « Des rapports des deux premiers éléments dérive tout l'ensemble des phénomènes physiques. » « De l'intervention du troisième, divisible en *espèces* et en *unités*, relève tout l'ensemble des phénomènes du monde organique ou vivant. » Préface IX. — *Constitution de l'Espace céleste*, par G.-A. Hirn, Paris, 1889.

M. Hirn admet, en outre, des principes intermédiaires, qui sont : la force gravidique, la force luminique, la force calorique et la force électrique.

Nous ne voyons pas pourquoi cet habile mathématicien s'est arrêté là, et quelles sont les raisons qui l'empêchent de déclarer *illimité* le nombre des forces ou principes intermédiaires.

Si nous admettons l'existence de ces quatre forces, il n'y a pas de motif pour exclure la *force psychique*, la *force odique*, etc., etc., et voilà tous les fluides réintroduits dans la science.

Ceci nous prouve que les mathématiques sont un admirable instrument entre les mains d'un virtuose de talent comme M. Hirn; mais qu'au fond, les mathématiques et les formules ne rendent que ce qu'on y met.

Si les données expérimentales sont défectueuses, tous les résultats seront faux.

C'est le cas du magnifique travail mathématique de M. Hirn. En

nique », d'autre part, peuvent se substituer les uns aux autres, *non au hasard, mais suivant certaines proportions* ou *équivalents*, elle abandonne de plus en plus une expression qui ne signifie rien par elle-même et elle lui substitue le mot « énergie », qui a l'avantage d'exprimer tout à la fois une vérité démontrée et une propriété matérielle commensurable.

Désormais, nous dirons l'énergie lumineuse, l'énergie calorifique, etc., etc.

Enfin, l'hypothèse de l'unité de la matière se trouve confirmée : 1° par l'équivalence du travail mécanique et des énergies vibratoires; 2° par la loi de l'attraction universelle de la matière; car ces deux grandes découvertes de la science contemporaine ne tiennent point compte, dans leurs formules, de la *nature chimique* de l'atome, mais seulement des *masses en mouvement*[1].

l'analysant, on découvre aisément que l'auteur a reculé devant la conclusion, c'est-à-dire devant le matérialisme. Son spiritualisme excessif l'a fait dévier au dernier moment.

Il est même assez piquant de comparer ses conclusions avec celles de l'abbé A. Leray, qui admet l'unité de la matière, mais en y adjoignant une force spéciale qu'il nomme « Eon », dans son *Essai sur la synthèse des forces physiques*. Paris, journal *Le Cosmos*, n° 31, année 1885.

Nous ne pouvons entrer ici dans le détail de cette discussion. Elle fait le sujet de la quatrième leçon de notre cours de Transformisme, actions et réactions des unités primitives, temps, espace, matière.

R. C.

[1] On appelle masse d'un corps, la quantité de matière ou de molécules materielles qu'il contient. L'unité de masse est une quantité qui

Les récents progrès de l'analyse spectrale laissent aussi entrevoir qu'il n'y a pas, en réalité, soixante ou soixante-dix corps élémentaires, mais une suite de radicaux simples permettant de passer sans transition de l'un à l'autre. Il y a une gamme matérielle, comme il y a une gamme chromatique et une gamme acoustique.

II. Ces trois grands systèmes de preuves, tirées de la chimie, de la mécanique et de l'analyse spectrale, nous autorisent à admettre que la matière est UNE dans son essence et que les corps sont formés :

1° Par la réunion de petites particules homogènes appelées *primates*, ou *ultimates*, ou *matière radiante*, ou *éther*, suivant les auteurs, et formant le milieu cosmique ou espace céleste;

2° Par leur réunion, les primates forment les *atomes*. Les atomes, à leur tour, se réunissent pour former les *molécules;* enfin, une réunion de molécules forment ce que nous appelons un *corps* ou masse matérielle.

Supposons maintenant que l'ensemble du corps ou masse soit le point d'application de la force mécanique ou *travail* : que la molécule soit le siège du mouvement oscillatoire de grande amplitude, comme le son; que l'atome soit celui des mouvements vibratoires rapides,

correspond à un poids de 9 k. 81, nombre dont la valeur est abstraite et la même que celle de la gravité. La masse d'un corps s'obtient en divisant le poids de ce corps exprimé en kilogrammes par 9.81, soit $M. = \frac{P}{9.81}$

comme la lumière, la chaleur ou l'électricité; qu'enfin, les primates libres soient la matière constitutive du milieu cosmique, nous aurons réduit à leur maximum de simplicité tous les éléments tangibles qui composent l'univers matériel.

Pour être complet, il nous resterait à examiner les rapports simples qui lient entre elles les trois unités irréductibles dont la réunion forme le cosmos, ou chaos, ou état indéfini qui résulterait de la *distribution homogène de la* MATIÈRE *dans le* TEMPS INFINI *et dans l'*ESPACE ILLIMITÉ. Mais cette étude ne peut se condenser en quelques lignes et nous sommes forcés de la laisser entièrement de côté, de peur qu'un résumé incomplet ou défectueux ne donne lieu à de fâcheuses interprétations.

L'unité de la matière et la nature vibratoire des mouvements sensitifs qui l'anime peuvent être considérés comme étant une hypothèse presque démontrée. C'est donc une quasi-certitude scientifique.

D'autre part, nous savons également que tous les corps, *sans aucune exception*, peuvent prendre l'état solide, liquide ou gazeux, parce que cet état dépend uniquement de la somme d'énergie calorique qu'ils renferment et de la pression effective qu'ils supportent.

A l'aide de ces connaissances, pouvons-nous établir une cosmogénie rationnelle de tous les phénomènes mécaniques qui nous sont perceptibles?

Oui, et non-seulement nous pouvons édifier une théorie cosmogénique, mais encore nous pouvons vérifier l'un après l'autre, dans l'espace et le temps, tous les éléments qui la constitue.

C'est ce que nous allons faire en jetant un coup d'œil rapide sur le ciel étoilé.

III. Nous disposons, pour sonder l'univers, de deux procédés absolument distincts, mais qui se prêtent un mutuel appui, le télescope et l'analyse spectrale.

Par le télescope, nous acquiérons la certitude que les planètes sont des astres plus ou moins analogues à la terre et que les étoiles sont des soleils. Le cas est certain pour la Lune, Mars et Vénus. Ce qui montre que notre terre n'est pas une formation unique, mais une simple individualité parmi une multitude d'autres semblables à elle. Elle ne possède rien qui lui permette de s'arroger la première place dans l'univers. C'est une petite planète; voilà tout.

Malgré les immenses perfectionnements apportés à la construction des télescopes, nous n'aurions jamais pu pénétrer bien avant dans la constitution intime de la matière extra-terrestre, si une méthode analytique, d'une extrême délicatesse et d'une portée pour ainsi dire illimitée, n'était venue au secours de notre vision impuissante.

On sait qu'un rayon lumineux traversant un prisme de verre s'étale en présentant les nuances de l'arc-en-ciel. Si on arrête, à l'aide d'un écran blanc, le rayon ainsi décomposé, on forme ce qu'on appelle un *spectre lumineux*. Or, ce spectre, étudié avec soin dans chacune de ses parties, nous révèle, par l'étendue de ses couleurs et la disposition des raies qui les divisent, la nature du foyer lumineux dont il émane.

Et voilà comment le faible rayon, parti il y a des siècles de l'étoile à peine visible, apporte dans notre laboratoire, comme un messager fidèle, la révélation de la nature intime des mondes sidéraux.

Cette nature est identique à celle de notre propre terre. Nous pouvons affirmer la communauté d'origine de la planète qui nous porte et des astres du ciel. Nous ne sommes qu'un fragment de la masse cosmique au sein de laquelle notre terre et nous-même évoluons de conserve vers un but inconnu.

Grâce à la puissance des instruments créés par son génie, l'homme, organisme infime, parasite d'un globule aussi infime que lui, a su franchir par l'esprit l'abîme immense qui le sépare des étoiles et connaître leur composition. Il a été plus loin encore : il a fouillé les amas informes qu'on nomme les nébuleuses et, dans leur incohérence, il a entrevu l'aurore des mondes et l'aube de sa propre vie.

L'examen du ciel[1] nous permet de suivre pas à pas

[1] Exemples célestes de l'évolution sidérale :

1. PÉRIODE ASCENDANTE OU DE FORMATION

1° Matière cosmique primitive : nuages de Magellan;

2° Etat nébuleux informe : nébuleuses d'Orion, de la Dorade, d'Argo, etc.;

l'évolution de la matière depuis sa condensation confuse sous forme de nébuleuses jusqu'à son organisation en systèmes rotatifs déterminés.

En faisant intervenir une autre section du savoir humain, la géologie comparée, nous pourrons préciser les phases finales de l'évolution cosmogénique.

« Deux grands phénomènes, celui des météorites et celui des étoiles filantes, le premier obstinément nié jusque dans les premières années de ce siècle, et le second resté mystérieux jusque dans ces derniers temps, nous ont appris que la terre s'accroît incessamment en poids et en volumes de matières gazeuses et de matières solides, de minéraux et de roches venus du dehors. » *Ciel géologique*, Stanislas Meunier.

Ces pierres nous ont appris, à leur tour, que les terres

3° Traces de mouvements rotatifs et formation d'un centre : nébuleuses d'Andromède, du Lion, autre du Lion, de la Vierge, des chiens, etc., etc. (Nébuleuse planétaire et annulaire du Verseau).

II. PÉRIODE CULMINANTE OU VITALE

1° Astres sphériques, lumineux par eux-mêmes : toutes les étoiles et notre soleil ;

2° Astres secondaires ou planètes : notre terre, Vénus, Mars, Jupiter, etc. ;

3° Astres tertiaires ou satellites : la lune, etc.

III. PÉRIODE DESCENDANTE OU DE DISLOCATION

1° La lune et probablement Mars ;

2° Les astéroïdes ;

3° Les bolides ;

4° Les comètes et les étoiles filantes.

du ciel ont une composition analogue aux nôtres. Aucun élément étranger n'y a été encore découvert, seulement les combinaisons des corps simples entre eux ne s'y sont pas effectués de la même manière.

Elles prouvent aussi, par leur stratification, qu'elles sont les fragments d'un corps ayant eu jadis une structure analogue à celle de la terre.

Ce sont les débris d'un astre. Donc, les astres se brisent.

La lune présente déjà des traces de fragmentation. La planète Mars également[1]. Il viendra un moment où les fractures seront assez profondes pour les diviser en un certain nombre de parties qui s'éparpilleront sur leurs orbites.

Le système solaire présente déjà un exemple de cette pulvérisation. Les petites planètes qui circulent entre Mars et Jupiter proviennent d'un astre unique. Cela est démontré par l'étude mathématique de leurs trajectoires.

Comme cette pulvérisation n'a pas de limite, elle peut atteindre la matière jusque dans les derniers termes de

[1] Les canaux énigmatiques de Mars, étudiés par M. Schiapparelli, ne sont *probablement* que des lignes de fracture. Sous ce rapport, il est intéressant de comparer les cartes de Mars avec les figures de diaclases produites dans les plaques de verre et d'argile publiées dans *Le Cosmos*, n° 307, page 31. — Les comparer également avec les cassures produites dans le retrait des argiles et des amidons déposés en lames minces sur des plaques de verre. Quand la dessiccation est menée avec soin, on obtient des lignes de fractures d'une régularité étonnante. — R. C.

son existence collective, c'est-à-dire jusque dans l'atome et le ramener à l'ultimate neutre ou inerte.

La matière (si on peut encore donner ce nom à des points intangibles dénués de toute propriété active) pourra de nouveau entrer dans une masse cosmique en voie de formation et recommencer un nouveau cycle de mouvement.

IV. Avant de clore ce chapitre relatif au Transformisme sidéral, nous allons résumer nos connaissances en les divisant en deux parts : les hypothèses, les certitudes.

Parmi les hypothèses, c'est-à-dire parmi les propositions très probables, quasi-certaines, mais non encore absolument démontrées, nous citerons l'unité de la matière.

Nous ignorons absolument ce que c'est que la matière et, sur ce point, nous pensons qu'il faut beaucoup mieux avouer notre ignorance présente que de bâtir des théories sur des données incertaines ou tout au moins discutables.

Si, laissant de côté l'essence même de la matière sur laquelle nous ne savons rien, nous passons à sa constitution, la science nous répond que notre système solaire renferme une centaine de substances indécomposables par les procédés de la chimie actuelle, et que ces substances ou *radicaux chimiques* ne sont que des modifications d'une espèce primitive pouvant exister seulement à l'état de matière cosmique libre et dans les nébuleuses aux premiers temps de leur formation.

Il importe de ne pas oublier que l'unité de la matière se démontre, non par la diminution progressive du nombre des radicaux chimiques (fer, soufre, plomb, argent, etc., etc.), ainsi que le disent et le croient quelques personnes peu au courant des progrès de la science; mais bien au contraire par la parfaite identité des propriétés spectrométriques et polarimétriques de la lumière émise par tous les radicaux terrestres ou extra-terrestres, ce qui est bien différent.

Nos moyens ne nous permettent pas de faire revenir les corps élémentaires terrestres à l'unité primordiale, mais les lois qui les régissent nous indiquent cette unité et suffisent pour la justifier comme hypothèse scientifique extrêmement probable.

Passons maintenant aux certitudes.

L'astronomie, appuyée sur la physique, la chimie, la mécanique et la géologie, nous permet d'affirmer l'évolution de la matière et de la décrire dans son ensemble.

Dans un lieu de l'espace illimité et éternel, une portion limitée et finie de matière se condense. Elle passe de l'état nébuleux indécis à l'état de nébuleuse à noyau, puis à l'état d'étoile ou soleil. Le soleil se segmente et produit des planètes qui, par le même mécanisme, produisent des lunes.

La concentration s'effectue de plus en plus parce que la chaleur qu'elle produit se diffuse dans l'espace et n'est remplacée par rien.

C'est ce défaut d'équilibre qui est la cause motrice du

processus vital de tout le système. Cette perte continue d'énergies radiantes (chaleur, lumière, électricité, etc., etc.) amène sa mort certaine dans un temps plus ou moins long, mais toujours mesurable.

Cette concentration matérielle et cette diffusion radiante amènent l'extinction des astres-soleils et leur encroûtement à la surface.

L'astre, dans cet état, renferme tout à la fois des solides, des liquides et des gaz. C'est à ce moment qu'apparaît sur lui l'évolution vitale que nous allons décrire tout à l'heure.

L'astre encroûté se solidifie, puis il se fendille; finalement, il se disloque et ses débris s'éparpillent sur son orbite.

Ces débris se pulvérisent de plus. Chaque atome, ayant épuisé sa force vive et son énergie physique[1], redevient

[1] Les énergies (chaleur, lumière, électricité, travail) se transforment les uns dans les autres. Il serait plus exact de dire que l'énergie (unique dans son essence) peut passer d'une forme à une autre; de la forme chaleur à la forme lumière, par exemple: mais ces passages ne peuvent avoir lieu en tous sens. La transformation d'une forme supérieure en une forme inférieure se fait sans perte; l'inverse n'a pas lieu. Exemple : le travail mécanique se convertit totalement en chaleur; mais, si nous voulons transformer de la chaleur en travail, il y a toujours une partie de la chaleur qui échappe à la transformation et se diffuse dans l'infini.

On conçoit donc qu'il arrivera un moment où tous les atomes étant descendus à la forme la plus inférieure de l'énergie, ils n'en pourront plus sortir. (Comme un ressort tendu, qui a épuisé sa force en se

libre à l'état de primate, de matière simple ou cosmique ou d'éther, apte à renaître en s'incorporant dans une nouvelle vie sidérale[1].

Nous voyons le principe matériel indestructible circuler incessamment dans l'univers; nous le voyons former des mondes nouveaux avec les débris des anciens, et cela sans qu'il nous soit possible de saisir sa création initiale et de prévoir une cause de mort absolue et définitive.

Nous terminons l'évolution cosmique en disant :

Dans l'état actuel de la science,

1° Nous ignorons l'essence de la matière;

2° Nous supposons qu'elle est une;

3° Nous affirmons qu'elle évolue dans l'espace et dans le temps, de façon à présenter un cycle de mouvement dont les phases nous sont connues par l'observation et l'expérience.

détendant, ne peut plus se retendre lui-même). Nous disons alors qu'il a épuisé sa force vive et son énergie.

La loi de la « conservation de l'énergie » n'implique pas l'éternité du mouvement, car elle serait satisfaite ou, plus exactement, annulée par la diffusion homogène de la matière dans l'espace et le temps. Or, dans l'état actuel de la science, nous ne pouvons savoir si cette diffusion est possible ou impossible. Cette question est traitée dans les quatrième et cinquième leçons de notre cours de Transformisme.

R. C.

[1] Avec les débris des vieilles terres, la Nature fait les jeunes soleils, de même qu'elle fait les enfants frais et roses avec les détritus des immondes cadavres. — De Lanessan, *Transformisme*, *Evolution de la matière*, page 105 (1883).

II

EVOLUTION ORGANIQUE

MARCHE ASCENSIONNELLE DU MÉCANISME ANIMAL FONCTIONS ÉLÉMENTAIRES DU PROTOPLASMA

I. Nous laisserons de côté tout ce qui se rapporte à la possibilité de la vie sur les autres planètes et nous ne nous occuperons que des phénomènes qui se passent sur la terre.

L'évolution cosmique nous a fait connaître que chaque astre, à un certain moment de son existence sidérale, passe par un état tel, que sa surface est solide, plus ou moins recouverte de liquide et enveloppée de gaz. On y distingue un noyau, une écorce et une atmosphère.

C'est à ce moment que commence la série des phénomènes que nous allons décrire sous le nom d'évolution vitale ou organique [1].

[1] Le phénomène de l'apparition de la vie à la surface du globe ne peut remonter à plus de dix millions d'années, d'après les calculs de sir W. Thomson, sur : 1o la chaleur de la terre; 2o sur les rotations de la lune et de la terre; 3o sur la température du soleil.

Nous ferons remarquer que les arguments tirés de la température

De même que la seule puissance mécanique de la gravitation universelle et de la répulsion calorifique a suffit pour produire un globule de matière libre de tout lien rigide, mais astreint à se mouvoir suivant certaines lois; de même la vie qui va naître à sa surface n'aura pour procréateurs et pour ancêtres que le jeu des forces naturelles qui sont inhérentes à sa substance et corélatives de son état.

Quand la planète est arrivée au point de l'évolution sidérale qui permet le fonctionnement des combinaisons moléculaires, les espèces chimiques se forment et les terrains apparaissent.

Quand les forces minérales ont perdu la plus grande partie de leur terrible activité, que la surface du globe n'est plus un immense laboratoire où se brassent les minéraux et les roches, quand le calme a succédé à l'orage, alors de nouvelles attractions moins puissantes, mais plus souples et plus délicates, entrent en jeu. Les corps infiniment variés, formés par les combinaisons du carbone, de l'azote, de l'oxigène et de l'hydrogène, autrement dit par l'union de l'air, de l'eau et de l'acide carbonique peuvent se constituer et se perpétuer.

Les premières agglomérations albuminoïdes et gélatineuses se forment au sein des eaux et donnent naissance

du soleil ne peuvent avoir qu'une valeur très minime, car cette température n'a pas encore été déterminée d'une façon, même tant soit peu approximative. Nous pensons qu'il vaudrait mieux s'abstenir que de fixer une date obtenue à l'aide d'un calcul aussi peu précis.

à une substance qui n'est pas encore la vie, mais qui est apte à la produire. C'est le protoplasma [1].

Cette matière une fois formée se perfectionne peu à peu et nous suivons à travers les époques géologiques les étapes qu'elle a parcourues pour former successivement tous les animaux, y compris l'homme lui-même.

On conçoit qu'une semblable théorie ait déplu en haut lieu et qu'on ait essayé de la tuer dès sa naissance, en disant qu'elle donnait à l'homme, pour ancêtres, les singes et les guenons [2]. Que l'amour-propre de quelques cerveaux étroits s'en soit trouvé froissé, cela est certain; mais ce qui est non moins certain c'est que la science moderne ne tient nul compte de leurs appréciations et rit volontiers de leur effarement.

Quoiqu'il en soit, l'amour-propre n'étant pas un argument scientifique; que nous descendions d'un singe, d'un lézard ou d'une huître [3], le transformisme pose en prin-

[1] Ce mot « protoplasma » est dû à Hugo von Molk. Au commencement du siècle, Oken affirmait l'existence d'une gelée primitive (en allemand Urschleim). Dujardin lui a donné le nom de Sarcode. Huxley a dit que le protoplasma est la base physique de la vie. L'intérêt qui s'attache à l'étude de la vie se concentre tout entier sur cette merveilleuse substance, seule apte à la produire, dont elle est inséparable et qui ferait de l'homme presque un dieu s'il parvenait à la faire naître à son gré. Ed. Perrier, *Colonies animales*, page 33.

[2] En 1864, Zimmermann réfute par une suite d'arguments, qui sembleraient bien puérils aujourd'hui, la descendance simienne de l'homme. *Origine de l'Homme*, page 97. Bruxelles, 1864.

[3] La première vérité qui sort d'un examen sérieux de la nature est une vérité humiliante pour l'homme; c'est qu'il doit se ranger lui-

cipe qu'il n'existe pas de force vitale spéciale et que la vie n'est qu'une forme particulière du mouvement universel.

Mais il ne suffit pas de poser un principe, il faut le prouver expérimentalement.

C'est à la géologie, à l'anatomie comparée, à l'embryogénie et aux études micrographiques que nous allons avoir recours.

Les trois premières sciences nous feront voir les rapports qui existent entre les espèces vivantes, l'origine commune des mammifères et des ovipares, des vertébrés et des articulés ; puis, descendant de plus en plus l'échelle de la complication organique, elles nous montreront la souche commune des rayonnés et des algues. Enfin, tout au bas de l'échelle, nous trouverons les animaux et les plantes intimement confondus dans une même organisation rudimentaire ; puis le protoplasma.

L'étude microscopique des animacules infusoires nous fera connaître des formes particulières de la vie, qui n'étaient même pas soupçonnées autrefois, ainsi que les ferments et les microbes.

II. Maintenant nous allons passer en revue, non pas la chaîne des êtres vivant actuellement, mais celle bien

même dans la classe des animaux auxquels il ressemble par tout ce qu'il y a de matériel... Il verra avec étonnement qu'on peut descendre par des degrés presque insensibles de la créature la plus parfaite jusqu'à la matière la plus informe : de l'animal le mieux organisé jusqu'au minéral le plus brut. Il reconnaîtra que ces nuances imperceptible sont le grand œuvre de la nature. Buffon, page 205.

autrement longue, qui s'est déroulée dans le temps et dont les premiers anneaux se perdent au fond des mers des époques siluriennes.

C'est à la géologie que nous allons demander l'histoire biologique de notre planète et la preuve du perfectionnement constant de la vie à sa surface.

Cette science nous enseigne qu'à l'origine la terre était un astre brillant comme le soleil, peu à peu il s'est refroidi. Une couche de matériaux en fusion a formé sa surface, puis les matières gazeuses ont commencé leur condensation; l'eau s'est précipitée sur les granits incandescents, elles les a refroidis et décomposés; alors se sont formés les premiers terrains de sédiment.

Pendant ce temps l'atmosphère aujourd'hui si pure était surchargée de vapeur d'eau et d'acide carbonique. Sa température était élevée et uniforme. La chaleur venait de la terre et non du soleil.

Cette période, toute d'activité chimique, a préparé la vie, mais ne l'a pas fait naitre. Les roches de cette formation ne contiennent aucune trace d'organismes.

Peu à peu l'atmosphère se purifie; les eaux abandonnent leurs sels calcaires et argileux, de nouveaux terrains se déposent au fonds des mers. Ils renferment des traces évidentes de corps ayant vécu. Ce sont surtout les plantes qui dominent. Nous connaissons le prodigieux développement des végétaux pendant l'époque houillière. C'est incontestablement l'apogée du règne végétal.

A cette puissante formation succède l'époque secondaire. La vie se développe, les mollusques et les ovipares pullulent au sein des mers vaseuses et tièdes de la période jurassique. Les lézards, les grenouilles monstrueuses, les crocodiles gigantesques se comptent par centaines d'espèces et leur structure anatomique nous est connue dans ses plus intimes détails.

L'atmosphère n'étant plus aussi dense et aussi brumeuse qu'autrefois, la nature tente un premier essai d'aérostation. Quelques reptiles sont munis d'ailes membraneuses, de dents soudées entre elles et de plumes rudimentaires [1].

Jusque-là nous n'apercevons pas trace de saisons. La terre était encore suffisamment tiède par elle-même pour contrebalencer son rayonnement et le soleil n'était pas encore arrivé au degré de concentration nécessaire pour être radieux et chaud. Avec l'époque tertiaire les saisons commencent. De nouveaux terrains se forment encore, moins étendus que les précédents; comme eux, ils renferment beaucoup de débris organiques. Les grands sauriens ont diminué de longueur et de nombre; par contre les mammifères apparaissent.

1 Reptiles volants, Rhamphorynque, Ptérodactyle. Ils ont été considérés tantôt comme des reptiles, tantôt comme des oiseaux, tantôt comme des êtres intermédiaires entre ces deux classes. Certains d'entre eux atteignaient sept mètres d'envergure.

Archéoptérix, premier oiseau à plumes, découvert dans le terrain jurassique, en 1860, en Bavière. Nouvelle découverte d'un archéoptérix complet, en 1878. Sa grosseur est celle d'un pigeon. Il possédait des dents. — R. C.

Les premiers ne le sont pas franchement; ils pondent non plus des œufs, mais des embryons et ils les couvent dans une poche spéciale. Le kangourou, la sarigue et tous les marsupiaux modernes nous donnent une idée de ce mode de gestation mixte qui était alors le plus parfait.

A la fin de l'époque tertiaire, nous trouvons les squelettes d'animaux ayant les plus grandes analogies avec les nôtres. Les ancêtres du cheval, de l'âne, de l'éléphant, des rhinocéros : les premiers singes font leur apparition.

Les végétaux ont suivi les mêmes modifications. Les grandes espèces de l'époque houillière sont, pour la plus part, réduites à de minimes proportions. Beaucoup sont éteintes, les autres ont dégénéré à mesure que l'atmosphère et le sol perdaient les qualités qui les faisaient vivres. Par contre, des espèces, mieux appropriées au nouveau climat, prenaient leur place et prospéraient merveilleusement.

Avec l'époque quaternaire l'homme apparaît.

Nous laisserons cette époque de côté pour la reprendre lorsque nous nous occuperons de l'évolution intellectuelle.

Comme la géologie repose sur des preuves incontestables, nous sommes en droit de dire que la vie a suivi une marche ascendante, progressive et corélative de la formation matérielle du globe. Elle nous montre aussi que jamais la nature n'a interrompu, ni mêlé la chaîne de ses productions. Nous trouvons d'abord des êtres rudimentaires, puis des articulés, puis des vertébrés ovipares, puis des vertébrés vivipares et enfin l'homme.

III. La géologie nous prouve la marche ascendante de la vie, mais elle ne nous dit rien sur son origine. Pour en savoir d'avantage, c'est à la biologie qu'il faut avoir recours.

Le microscope nous montre que l'élément constitutif des plantes et des animaux est la cellule. Or, il n'y a aucune différence fondamentale entre la cellule végétale et la cellule animale.

D'un autre côté, si nous examinons les organismes qui vivent actuellement, nous en trouvons, tout à fait au bas de l'échelle, cela va sans dire, qui ne sont ni animaux, ni végétaux. Telles sont les éponges et les zoophytes [1]. Les méduses semblent commencer leur vie dans le règne végétal et la terminer dans le règne animal.

Il importe de bien nous persuader dès à présent que la division de la nature en trois règnes est une pure fiction consacrée par Linnée, et que loin de constituer un progrès, elle est un véritable pas en arrière.

« Il n'y a dans l'univers ni minéraux, ni plantes, ni animaux ; il n'y a que des composés plus ou moins com-

[1] Les spores et les autres corps reproducteurs de beaucoup d'entre les algues les moins élevées de la série peuvent se targuer d'avoir d'abord les caractères de l'animalité, et plus tard une existence végétale équivoque. Osa Gray, cité par Darwin, puis par Flammarion.

plexes et plus ou moins capables de réagir les uns sur les autres.

» Les phénomènes de la chimie minérale nous paraissent simples parce que nous pouvons les constater facilement ; nous sommes pour ainsi dire familiarisés avec eux ; tandis qu'il nous est impossible de saisir les phénomènes de synthèse organique sans armer notre œil d'un puissant microscope.

» Alors en examinant de près la cellule, nous pouvons assister en partie aux différentes phases de ce travail silencieux. C'est ainsi que l'embryogéniste peut suivre le développement de l'œuf et constater que le processus vital *est le même pour tous les êtres.*

» Bien plus l'expérience calorimétrique lui démontre également que la vie n'échappe pas à la loi de l'équivalence des forces. C'est pourquoi tout être vivant, quelque compliqué qu'il soit n'est au fond qu'un appareil de physique. Nous pouvons affirmer, et l'expérience confirme, que cet être est comme toute machine incapable aussi bien de créer que de détruire, soit la force ou son équivalent, soit la matière. Il ne peut faire et ne fait qu'une chose : transformer. » — Docteur d'Arsonval, *les Sciences physiques en biologie.* — Introduction.

La biologie nous apprend donc qu'il n'y a pas de force vitale spéciale[1] ; que tous les êtres vivants ont pour

[1] Définition de la biologie :

La médecine, la physiologie, l'embryogénie, la science des formes, qu'on l'appelle anatomie comparée, zoologie, botanique descriptive ou

origine une cellule dont les propriétés sont exclusivement physiques ou chimiques; que cette cellule se modifie sous l'influence de forces extérieures à elles-mêmes pour se maintenir constamment en harmonie, c'est-à-dire en équilibre avec le milieu où elle vit.

IV. Nous allons consulter maintenant l'embryogénie.

Si nous suivons jour par jour les modifications organiques qui se manifestent dans l'œuf pendant son incubation, nous assistons à la formation de tous les rouages qui constituent, lors de leur complet développement, un être semblable aux générateurs de l'œuf. Et comme la viviparité ne diffère dans ses grandes lignes de l'oviparité [1] que par l'incubation qui est interne dans le premier cas, tandis qu'elle est externe dans le second; qu'en outre il existe des animaux qui ne sont ni absolument vivipares, ni entièrement ovipares, là encore nous pouvons dire que la nature n'a pas fait deux modes distinct de reproduction;

paléontologie, constituent un ensemble extrêmement cohérent auquel se relie toutes les sciences qui s'occupent de l'homme, et l'on conçoit, au-dessus de toutes ces sciences particulières, une *science de la vie*, dont la science de l'homme n'est qu'un cas particulier : cette science a reçu un nom, celui de biologie. — Ed. Perrier.

[1] Caractère de la gestation mixte. Ordre des marsupiaux, gestation interne un mois environ, gestation externe six à huit mois. Douze heures après la naissance le petit kangourou n'a encore que 3 millimètres de long et ne peut être comparé qu'aux embryons des autres animaux. Il n'y a pas la moindre ressemblance entre lui et sa mère. C'est une masse molle vermiforme.

mais seulement que l'un est le perfectionnement de l'autre[1].

Continuant nos recherches nous voyons que l'oviparité n'est qu'une amélioration du bourgeonnement ou de la sissiparité, seuls modes de reproduction des organismes tout à fait inférieurs.

En un mot, à mesure que la machine vivante se complique, son mode de reproduction se perfectionne. Et ce perfectionnement se traduit par un contact plus intime entre les producteurs et leurs produits.

Si nous rapprochons toutes les formes embryogéniques[2], nous sommes frappés de leur extrême res-

[1] La viviparité est une conséquence de l'impossibilité d'accroître au-delà d'une certaine limite la réserve alimentaire de l'embryon. Le vitellus nutritif doit être d'autant plus volumineux que l'accélération embryogenique doit être plus rapide. Parvenue aux reptiles et aux oiseaux, cette occélération nécessite déjà un œuf relativement énorme. Dès lors il fallait trouver un autre procédé, et la nature supprima la réserve alimentaire en rendant l'œuf solitaire de l'être qui l'a produit. C'est cette solidarité alimentaire qui impose aux animaux supérieurs la génération vivipare. Elle n'est en définitive qu'une incubation interne, quand elle est complète; et externe quand elle a lieu dans une poche speciale, comme chez les marsupiaux.

[2] Principes de l'embryogénie comparee : '

1° L'œuf d'un organisme faisant partie d'une colonie tend à reproduire non-seulement l'organisme dans lequel il s'est formé, mais encore la colonie tout entière dans laquelle cet organisme était engagé. Principe de la reproductien totale;

2° A mesure que les organismes constituant une colonie deviennent plus étroitement solidaires, les œufs qu'ils produisent tendent à reconstituer de plus en plus vite l'ensemble même de cette colonie. Principe de l'accélération métagénésique. — Ed. Perrier, *Colonies animales*, page 726.

semblance, en outre les animaux supérieurs passent par tous les degrés inférieurs de la vie. Ils parcourent pendant leur gestation tout le chemin qu'elle a franchi dans la suite des siècles géologiques.

Le protoplasma des temps primitifs s'est lentement mais continuellement perfectionné pour atteindre la forme humaine [1] : et l'homme à son tour, pendant la période de sa vie utérine, gravit encore en neuf mois toute l'échelle vivante, depuis sa base jusqu'à son sommet.

Tous les embryons de vertébrés se ressemblent et il est parfois délicat de se prononcer sur l'espèce des parents qui les ont produits [2].

[1] Nul n'ignore que chacun de nous a été, avant de naître, pendant les premiers mois de la conception dans le sein de sa mère, mollusque, poisson, reptile, quadrupède, la nature résumant en petit sa grande œuvre des temps antiques.

On a discuté de longue date si l'embryon humain est pendant quelque temps doué d'une véritable queue, munie de vertèbres comme celle des singes et des quadrupèdes. M. Fol a montré que l'embryon humain de 5 m/m et demi, c'est-à-dire de 25 jours, porte 32 vertèbres ; que celui de 9 à 10 m/m, c'est-à-dire de 35 à 40 jours, possède 38 vertèbres. Or, on sait que le squelette humain n'a que 24 vertèbres. Ces additions caudales n'ont qu'une existence éphémère. Un embryon de 19 m/m n'a plus que 34 vertèbres. — Flammarion.

[2] Il faut, quand on veut comparer des embryons d'une manière vraiment scientifique, tenir compte de ce long travail d'adaptation qui semble s'accumuler dans l'œuf et fait de deux embryons, dont le développement a commencé depuis le même nombre de minutes, des êtres que sépare déjà toute la distance de l'enfance à la jeunesse. — Ed. Perrier, *Colonies animales*, p. 735.

Là encore nous ne trouvons nulle trace de création spéciale, mais au contraire un enchaînement.

V. Maintenant appelons en témoignage l'anatomie comparée.

Elle nous fait voir que le squelette des animaux vertébrés est conçu sur un plan unique qui comporte simplement des modifications de détail; puis que les vertébrés se confondent avec les articulés et, ceux-ci, avec les rayonnés, etc.

Elle nous apprend en outre que les grands systèmes qui entretiennent l'existence dans les êtres supérieurs fonctionnent tous, non seulement d'après les mêmes principes, *ce qui est rigoureusement et absolument vrai, sans exception possible*, mais que le mécanisme de chacun d'eux est presque identique dans les êtres appartenant au même embranchement.

Ainsi la respiration, la circulation, la nutrition et la reproduction, s'accomplissent chez l'homme comme chez tous les mammifères, or, ceux-ci ne sont eux-mêmes que des ovipares perfectionnés.

L'embryogénie d'un animal n'est que la répétition abrégée des phases qu'a traversées son espèce dans la suite des temps pour arriver à sa forme actuelle. — Principe de Fritz-Muller. Ed. Perrier, *Colonies animales*, p. 743.

« Je possède, conservés dans l'alcool, deux petits embryons, dont j'ai omis d'inscrire le nom, et il me serait actuellement impossible de dire à quelle classe ils appartiennent. Ce sont peut-être des lézards, de petits oiseaux ou de très jeunes mammifères. » — Von Baer, cité par Darwin, puis par d'Huillet de Saint-Projet, *Apologie scientifique de la foi*, page 271.

Si donc nous faisons la somme de toutes les ressemblances d'un côté, et la somme de toutes les dissemblances de l'autre, puis que nous établissions la balance, elle penchera lourdement du côté des similitudes. En basant sur cette donnée un calcul de probabilité, le résultat mathématique sera tout en faveur de l'hypothèse de la communauté d'origine des organismes terrestres.

VI. Résumons nos connaissances acquises.

La géologie nous a enseigné la marche progressive de la vie dans le temps passé. La biologie nous a dévoilé son fonctionnement. Elle nous a fait connaître l'unité et la simplicité de l'élément organique « *la cellule* ». L'embryogénie nous a fait assister à la formation progressive des organes, à la construction et à la mise en place des différentes pièces de la machine vivante; et nous avons constaté que le processus vital est le même pour tous les êtres. Enfin, l'anatomie comparée nous montre la machine construite et ayant fonctionné, quand nous étudions le squelette; en plein fonctionnement, quand nous examinons le mécanisme de la respiration, de la circulation, de la nutrition. Là encore nous constatons l'unité de plan et le perfectionnement progressif.

Toutes les sciences s'accordent donc pour nous prouver la filiation de *tous* les organismes; ainsi que leur commune et infime origine.

VII. Le point initial de la vie à la surface du globe est le protoplasma. Pour bien comprendre son rôle dans la nature, il importe de ne pas confondre, ainsi qu'on le fait généralement, les *fonctions* organiques avec les *formes* organiques.

Les propriétés caractéristiques (je dirais volontiers personnelles) du protoplasma ont imposé, aux agglomérations de cellules, certaines fonctions désignées sous le nom de *fonctions organiques*, parce qu'elles s'exécutent à l'aide d'appareils plus ou moins compliqués, appelés *organes*. Le nombre de ces *fonctions* est très restreint.

Les milieux géologiques ont déterminé les *formes* des organes. Ces formes sont nombreuses, elles peuvent être illimitées.

Les propriétés du protoplasma étant fixes, les fonctions le sont également. Les milieux géologiques étant variables, les formes doivent l'être. L'observation montre qu'elles le sont.

« Le protoplasma est amorphe ou plutôt monomorphe et c'est en lui que réside la vie, mais la vie non définie, c'est-à-dire que ce protoplasma manifeste, à lui seul, toutes les propriétés que l'on trouve plus tard différenciées et définies chez les êtres supérieurs. Son existence chez tous, nous montre et nous explique à la fois l'unité de la vie dans les deux règnes. La forme n'est nullement la conséquence de la nature du protoplasma ». Elle ne dépend que de l'influence des milieux où il a été contraint d'évoluer.

Il est donc de la plus haute importance de bien se pénétrer de ce principe : que la *forme* en biologie n'a qu'une valeur très secondaire. Ce qu'il faut étudier avant tout, c'est la *fonction* de chacun des organes dont la réunion constitue une *forme individuelle* simple ou composée.

Or, la nature produit toujours la forme la mieux appropriée aux besoins des individus et les individus les mieux formés se multiplient plus que les autres.

De là résulte une diversité de formes pour une même fonction organique. Chaque forme satisfaisant mieux que toute autre à une condition extérieure, momentanée et spéciale de la vie cellulaire.

Pour préciser notre pensée nous allons emprunter un exemple à la mécanique usuelle. Il sera fourni par la machine à vapeur. Il nous montrera, en passant, qu'il existe une similitude complète entre les causes qui font progresser les inventions humaines et les causes du développement et du perfectionnement de la vie terrestre.

Voici cette comparaison :

La force élastique de la vapeur exige pour être utilisée en « *travail mécanique* » un certain nombre d'organes fonctionnels qui sont : 1° un appareil évaporatoire ou chaudière ; 2° un appareil expenseur, cylindres et pistons ; 3° un système distributeur, tiroir, soupapes, excentriques ; 4° un système excréteur permettant d'évaquer au dehors les produits inutiles, condenseurs, purgeurs, échappements, etc. ; 5° un système alimentaire.

Toute machine à vapeur doit posséder essentiellement ces cinq *fonctions* et les satisfaire ; mais la *forme* des pièces métalliques chargées de les exécuter dépend entièrement du *milieu industriel* dans lequel la machine doit travailler.

Les systèmes organiques d'une machine de filature ne sont pas groupés comme ceux d'une machine de bateau, et ni l'une ni l'autre ne ressemblent, quand à la forme extérieure, au moteur ultra rapide des usines électriques.

Si nous ne savions de la façon la plus certaine qu'elles dérivent toutes les unes des autres, et que leur origine commune est la machine de Papin, rendue pratique par Watt, nous ne pourrions imaginer qu'elles sont de la même famille. Nous en ferions probablement des séries d'espèces distinctes, immuables et sans lien.

De nouveaux besoins industriels font tous les jours surgir de nouveaux groupements d'organes mécaniques; comme les nouvelles conditions climatologiques ont amené et amèneront encore de nouveaux groupements d'organes vitaux.

« Cela étant posé, serait-il donc possible de changer la *forme* d'un être en modifiant d'une manière lente mais continue le milieu dans lequel il vit ?... Cela ne fait pas de doute pour la science moderne, et la nature pourra par la suite arriver à donner aux êtres vivants des formes dont nous n'avons actuellement aucune idée. On changera les moules du protoplasma, mais on n'en changera pas la nature.

» Le protoplasma pour vivre a besoin des cinq conditions physiques suivantes : eau, chaleur électricité, oxygène, réserves alimentaires. Si une seule de ces conditions vient à manquer la vie devient impossible. » — Dr d'Arsonval : *Sciences physiques en biologie.*

Donc une forme vitale pour être possible doit réaliser autour de chaque cellule ces cinq conditions primordiales. La *forme* des organismes est donc subordonnée aux conditions vitales élémentaires du protoplasma. C'est précisément ce fait qu'exprime la loi de Claude Bernard qui s'énonce ainsi :

L'organisme est construit en vue de la vie élémentaire. Ses fonctions correspondent fondamentalement à la réalisation en nature et en degré des cinq conditions de cette vie : humidité, chaleur, oxygène, électricité, réserves alimentaires.

Lorsque la cellule est seule, comme chez les êtres monocellulaires, elle est en rapport direct avec le milieu extérieur, elle constitue un être distinct; il n'en est pas de même chez les êtres plus élevés.

L'organisme humain, le plus élevé de tous, ne fait pas exception; il n'est qu'une agrégation de cellules, une véritable république d'organismes élémentaires.

« Cette vie commune est rendue possible par la création de divers appareils, de divers systèmes qui sont chargés des fonctions particulières. »

La forme extérieure des êtres est le résultat des divers modes de groupement de ces systèmes. Or, ces groupements sont la conséquence des conditions cosmogéniques dans lesquelles la vie a été obligée de se maintenir, ainsi que nous l'avons vu en géologie et paléontologie [1].

« Grâce à la respiration, à la circulation, à la digestion et aux appareils excréteurs, chaque cellule, quelle que soit la forme organique à laquelle elle soit liée, est sûre de trouver à sa portée la nourriture, le chauffage, le logement et la propreté; mais comment peuvent-elles fonctionner en accord parfait étant placées si loin les unes des autres?... Comment de cette diversité pourra naître l'unité, l'étonnante harmonie qui règlent chaque acte d'un être vivant supérieur?... Comment tous ces actes chimiques, physiques ou mécaniques, dont chaque cellule est le siège, ne se contrarient-ils pas l'un l'autre? C'est qu'il y a au-dessus des cellules un surveillant qui ne s'endort jamais, qui est prévenu à chaque instant de ce que fait chaque cellule et qui à chaque instant imprime une direction à son activité.

» Cet harmonisateur qui fait travailler chaque cellule pour le bien de toutes, qui est constamment obéi avec docilité par tous les citoyens de cette république, ce président dont l'autorité n'est pas contestée, parce qu'il connait à chaque instant les services et les besoins de cha-

[1] Procédant suivant la méthode scientifique du simple au composé, nous trouvons dans les propriétés des organismes inférieurs, dans le conflit de ces propriétés avec celles du milieu ambiant, la cause de la formation des organismes les plus élevés, l'explication de leur structure et de leurs facultés. — Loi de l'Association, Ed. Perrier, *Colonies animales*, p. 782.

cun, ce chef suprême d'une république qui jouit d'un pouvoir absolu parce qu'il est parfait, c'est le cerveau.

» Chaque partie de l'organisme est mise en rapport avec lui par un admirable réseau de fils télégraphiques, les nerfs ». — Docteur d'Arsonval.

Nous reviendrons en détail sur les fonctions de ce système nerveux, quand nous examinerons l'évolution intellectuelle de la matière, parce que c'est en lui et par lui que se centralisent tous les phénomènes sensitifs, depuis les mouvements inconscients du protoplasma jusqu'aux plus puissantes productions du génie humain. Mais avant de commencer ce troisième chapitre du transformisme, nous nous arrêterons un instant pour établir une comparaison entre l'unité matérielle et l'unité organique.

VIII. Nous constatons une certaine similitude entre les groupes atomiques produisant les espèces chimiques minérales, désignées sous le nom de corps simples, et les agglomérations de cellules formant les espèces animales ou végétales distinctes.

Quoique ni les unes ni les autres ne représentent l'unité absolue, elles paraissent former des agrégations extrêmement stables de la matière, car elles résistent à nos procédés de dissociation chimique et à nos méthodes de croisement. Nous les assimilons volontiers aux radicaux composés de la chimie.

Nous remarquons également que si les combinaisons

chimiques cristallisent, c'est-à-dire sont douées de la propriété de se grouper géométriquement autour d'un centre, pour former des corps de formes parfaitement définies, les espèces organiques les plus rudimentaires affectent également des formes géométriques. Les diatomées, les rayonnées sont des êtres absolument géométriques : les fleurs également. Cette tendance se fait encore sentir dans les êtres les plus élevés, l'homme lui-même présente dans son enveloppe extérieure un axe de symétrie. Il est facile de constater que tous les organes extérieurs qui ne sont pas situés sur l'axe même sont double.

Rien n'est distribué au hasard, c'est-à-dire sans cause et sans but. Tout est à sa place et nous pourrons dire avec Pythagore. « La nature fait partout de la géométrie [1]. »

L'étude des manifestations les plus élevées de la matière nous confirmera bientôt cette belle pensée du philosophe antique. Elle nous montrera que les jouissances les plus délicates de l'esprit, les sensations les plus immatérielles (en apparence) qu'éveillent en nous les beaux-arts, qu'ils s'appellent musique, poésie, sculpture, peinture ou statuaire, ont leur source dans des rapports géométriques dont la simplicité fait tout le charme et l'harmonie.

Mais cette harmonie, par cela même qu'elle repose sur

[1] La fixité des formes vivantes est infiniment moins grande que celle des formes cristallines. La fixité des espèces animales, en admettant même qu'elle soit démontrée, n'approcherait pas encore de la rigidité des formes cristallines. On ne peut tirer, ni des unes ni des autres, un argument contre la doctrine de l'évolution universelle. — R. C.

des sensations extrêmement délicates, ne peut impressionner qu'une bien minime fraction de la masse cosmique primitive; celle qui compose le cerveau d'un très, très petit nombre d'êtres humains, et ce que nous devons constater ici, sans entrer dans les détails, c'est qu'à mesure que nous nous éloignons des origines de la nébuleuse, la matière qui la compose semble s'épurer constamment.

IX. La genèse des mondes s'opère dans les convulsions d'une fournaise. Les globes qui naissent sont en feu et n'obéissent qu'aux sollicitations brutales de l'attraction universelle. Avec la vie apparaissent des combinaisons et des formes plus complexes, plus flexibles, plus malléables, mais aussi moins durables et moins vastes. En elle et par elle une portion de la masse minérale s'élève d'un degré et devient organique.

Dans la masse organique une sélection, que nous étudierons tout à l'heure, se produit encore, et une fraction, lentement élaborée, passe à l'état de masse cérébrale. Alors seulement il y a des yeux pour voir, des oreilles pour entendre; il y a des pensées et des actes, des souffrances et des plaisirs, mais pas encore de victimes, car l'homme n'est pas né.

Puis cette matière cérébrale, affinée par une longue suite de générations, dont nous ne connaissons pas la durée, atteint la conscience d'elle-même et de l'univers qui l'a produite.

Dans l'homme elle s'élève déjà si haut qu'elle n'ose plus reconnaître son humble origine.

L'homme ne serait-il donc qu'un peu de matière qui pense ? Il faut avouer que c'est là un difficile problème, car il échappe, du moins il a échappé jusqu'ici à la méthode expérimentale.

Certains prétendent, il est vrai, que sa solution est du domaine de la métaphysique ; mais nous savons tous que la métaphysique n'est qu'une ombre du savoir, qu'une illusion humaine ; c'est une science morte, aussi morte que l'alchimie, la scolastique et la cabale. Autant vaudrait dans le cas présent consulter l'astrologie et lui demander un horoscope.

Ce n'est pas dans cette voie qu'il faut s'engager.

L'étude positive et de plus en plus profonde des centres vitaux est seule capable de faire progresser nos connaissances biologiques. Hors de là, il ne peut y avoir qu'erreurs et ténèbres. Si jamais l'homme pénètre le secret de sa propre nature, si jamais l'intelligence parvient à se concevoir elle-même, nous pouvons être persuadés dès maintenant que c'est la méthode expérimentale qui lui aura dévoilé la route et fait toucher le but.

Mais qui sait ? Ce but que l'humanité aperçoit depuis des siècles comme dans un rêve, qu'elle s'efforce en vain de réaliser, ce but final de la science, ce triomphe de la pensée, ce but quasi divin n'est-il pas au-dessus des forces qui animent notre globe et au-delà du dernier *terme terrestre de l'évolution universelle ?*

III

ÉVOLUTION INTELLECTUELLE

INSTINCT. — INTELLIGENCE. — GÉNIE

I. Les évolutions cosmiques et organiques nous ont fait voir la matière terrestre se perfectionnant à travers les siècles par une suite de modifications très lentes, mais ininterrompues. L'étude de l'évolution intellectuelle nous montrera le même procédé mis en œuvre à nouveau pour élever cette matière vers un état supérieur, par la transformation des sensations confuses du protoplasma en instinct animal, puis en intelligence humaine.

Voici comment nous allons diviser cette troisième partie de notre synthèse :

Nous décrirons d'abord le mode de développement anatomique du système nerveux.

Ensuite, nous étudierons les diverses manifestations de la sensibilité nerveuse depuis les animaux inférieurs jusqu'à l'homme, et nous établirons que les sensations rudimentaires, puis l'instinct, puis l'intelligence, puis le génie, ne sont que les degrés d'une même faculté organique. Spécialisant notre étude, nous rechercherons les origines et le mécanisme de la perception du beau et de la faculté esthétique qui forme peut-être le seul caractère distinctif de l'intelligence humaine. Nous montrerons que, loin d'avoir une origine immatérielle, ces impressions naissent de rapports harmoniques mesurables. Les règles qui les gouvernent ne dépendent ni de notre caprice, ni de nos modes; elles ne sont qu'une application spéciale des lois qui régissent la matière.

Dans les êtres les plus rudimentaires, nous ne trouvons pas d'organes ayant pour mission de mettre l'animal en rapport avec le milieu extérieur. Toutes les parties du corps paraissent douées d'une sensibilité confuse et passive.

Si nous passons à des êtres un peu plus compliquées, nous voyons apparaître de petites masses blanchâtres appelées ganglions qui se rangent symétriquement autour de la bouche. Les étoiles de mer nous en offrent un exemple.

Les mollusques et les insectes nous montrent les ganglions rangés en séries et reliés entre eux par des filets nerveux; chaque anneau possède un ganglion.

Les annelés, les vers et les poissons sont les ancêtres des vertébrés. Avec ces derniers apparaît un grand perfectionnement. Le système nerveux se dédouble. Une fraction de la masse nerveuse préside spécialement aux fonctions qui ne doivent jamais être interrompues un seul instant sous peine de mort. Tous les mouvements nécessaires pour effectuer la respiration, la circulation et la digestion seront et resteront désormais sous la dépendance du système ganglionnaire.

Ainsi délivré de ce que nous pourrions qualifier de soins domestiques, le reste de la masse nerveuse se concentre dans l'intérieur des vertèbres d'abord, puis se centralise de plus en plus dans celles qui forment la tête. Sous cette influence, les premières vertèbres cervicales se déforment, se gonflent et deviennent les os du crâne.

A mesure que nous gravissons l'échelle organique, le volume du crâne et, par conséquent, celui de la masse nerveuse qu'il abrite augmente également ; ses différentes parties se différencient de plus en plus et se tassent l'une contre l'autre. La surface, primitivement lisse chez les vertébrés inférieurs, se creuse et forme des circonvolutions de plus en plus nombreuses chez les mammifères. Chez l'homme elles deviennent considérables.

Désormais, à chaque espèce de sensation ou excitation extérieure, correspondra un ganglion cérébral dont le volume indiquera, dans une certaine mesure, l'importance et l'intensité de la fonction qu'il représente.

Dans les vertébrés, même supérieurs, les lobes qui correspondent aux sens de la vie matérielle sont très développés ; les hémisphères qui correspondent, au contraire, au travail intellectuel le sont fort peu. Chez l'homme, c'est l'inverse : les hémisphères deviennent si considérables qu'ils recouvrent toutes les autres parties du cerveau, et les lobes olfactifs et optiques sont réduits à l'état de simples bulbes.

Il nous semble inutile d'insister plus longtemps sur ces considérations anatomiques. Elles établissent suffisamment l'unité de plan du système nerveux, ainsi que son perfectionnement, dont voici le résumé :

Système quasi nul chez les protistes, diffus chez les polypes, ganglionnaire chez les articulés, ganglionnaire et cérébral embryonnaire chez les vertébrés inférieurs : poissons, oiseaux; ganglionnaire et cérébral complet chez les mammifères; ganglionnaire et cérébral complet avec grand développement des hémisphères chez l'homme.

Quand nous aurons dit que l'analyse chimique nous révèle la plus complète identité de composition de la matière cérébrale, quelle que soit l'organisme dont elle provienne, nous n'aurons plus à revenir sur le mécanisme du système nerveux et nous pourrons étudier les manifestations de son activité.

II. Nous avons vu, dans le chapitre de l'évolution organique, que le protoplasma avait essentiellement besoin pour vivre d'avoir à sa disposition de l'eau, de l'oxygène et des aliments.

Tant que l'organisme est resté monocellulaire et aquatique, sa surface fonctionnant par endosmose a suffit pour lui assurer la satisfaction de ses besoins élémentaires, mais dans les êtres pluricellulaires, aussi simples que nous puissions les rencontrer, il n'en est plus ainsi. Les matières nutritives en contact direct avec leur corps n'étant plus assez abondantes, il faudra que ces animaux attirent d'autres aliments vers eux. Pour cela, ils seront munis de bras ou tentacules armés de crochets pouvant saisir au loin les substances dont ils feront leur nourriture.

Il n'est pas nécessaire que l'être ait la notion de l'existence de cette nourriture et nous pouvons jusqu'à un certain point comparer ces organismes rudimentaires aux lignes perfectionnées qui fonctionnent sans le secours d'un pêcheur. Ces instruments ne peuvent ni voir, ni entendre, ni sentir le poisson et cependant ils le prennent. Quand celui-ci s'est enferré, le choc qu'il produit sur l'hameçon se transmet par le fil de la ligne à un déclanchement mécanique qui provoque aussitôt la contraction, c'est-à-dire l'enroulement de celle-ci sur un petit treuil et le poisson est amené au rivage.

Cet outil est évidemment sourd, aveugle, dépourvu de goût et d'odorat; mais il possède artificiellement une sensibilité tactile inconsciente, qui le rend capable d'exécuter la fonction pour laquelle il a été construit. Chez les hydres d'eau douce, le contact de la proie provoque de même la contraction du bras ou tentacule pêcheur. Cet acte est inconscient et ces animaux nous montrent ainsi la matière nerveuse réduite à un mode d'action mécanique extrêmement élémentaire.

De l'analyse des diverses phases de ce mouvement, nous concluons que le travail cérébral a pour cause une excitation extérieure, et que, pas plus que la matière cosmique ou organique, la matière nerveuse n'est capable de s'exciter elle-même[1]. Elle n'est et ne sera toujours, quelle que soit sa perfection apparente, qu'un appareil transformateur d'énergie. Elle reçoit des impressions et elle les répercute[2].

Les besoins élémentaires du protoplasma sont les mêmes chez tous les êtres, mais plus l'animal occupe un rang élevé dans l'échelle organique, plus il lui devient difficile de les satisfaire. Les polypes trouvent leur nourriture à portée de leurs bras; les poissons ne seraient pas suffisamment alimentés s'ils ne la cherchaient à une plus grande distance.

[1] Ces changements d'aspect (chez le têtard de la grenouille) sont toujours dus à une impression extérieure; par exemple, aux influences atmosphériques ou tout autre agent capable de déterminer une sensation... — *Métamorphoses de la grenouille*, A. Acloque, page 99, *Cosmos*, n° 309.

[2] ... On voit, en effet, que la matière vivante est douée partout de la même propriété fondamentale : l'*irritabilité* ou *sensibilité simple*, qui lui permet de réagir à toute stimulation des *agents extérieurs*.

... Cette sensibilité, qui appartient, comme nous venons de le voir, au protoplasma lui-même, se perfectionne et s'exalte en passant d'une cellule à l'autre jusqu'au moment où elle arrive à la cellule cérébrale de l'homme, où elle atteint son maximum de délicatesse, comme le montre l'anesthésie chirurgicale.

... Tous les phénomènes psychiques, quelque compliqués qu'ils nous paraissent, la conscience, la volonté elles-même, ne sont que le perfectionnement, par l'hérédité et l'évolution, de cette sensibilité obscure du protoplasma à l'état de liberté. — Dr d'Arsonval, *Action de l'éther sur le protoplasma*.

De là, pour ces derniers, la nécessité de se mouvoir ; donc, les poissons seront des organismes libres et non des êtres fixés au sol comme les polypes.

En outre, pour atteindre leur proie, il faut qu'ils puissent la distinguer, et c'est ainsi que leur liberté de mouvement, qui est le résultat forcé de leurs exigences alimentaires, aura pour conséquence immédiate une augmentation et surtout une division de leur pouvoir sensitif.

Désormais, le milieu extérieur ne produira plus sur l'être vivant une excitation confuse et toujours la même, mais plusieurs sortes d'excitations bien distinctes.

Les énergies vibratoires, le son, la lumière, la chaleur et peut-être aussi les odeurs et le goût affecteront plus spécialement telle ou telle partie du tissu nerveux, et nous distinguerons parfaitement, dans chaque animal, des agglomérations de cellules ayant pour fonction spéciale de *vibrer à l'unisson* des énergies lumineuses, sonores ou autres.

Alors, se forment des rudiments d'yeux, d'oreilles, de membranes olfactives, et l'animal, ainsi mis en rapport plus intime avec le milieu extérieur, pourra, par la vue, le son, l'odeur et son propre déplacement, découvrir, poursuivre, atteindre sa nourriture ; en un mot, donner entière satisfaction aux besoins élémentaires du protoplasma dont il est formé.

Parvenu à ce degré, le système nerveux cesse d'être passif ; son rôle est devenu assez important pour qu'il puisse être désormais considéré comme le maître de l'organisme qui le renferme.

Il est le MOI qui centralise toutes les actions et réactions de la colonie cellulaire.

Il en est vraiment le directeur.

Il en deviendra bientôt le chef responsable, car il ne restera pas stationnaire ; il se modifiera toujours, soit par perfection mécanique, soit par augmentation de sensibilité pour se mettre à la hauteur de l'effort que ses sujets exigeront de lui. En bon administrateur, il maintiendra l'équilibre entre les exigences croissantes des besoins et la puissance des moyens employés pour les satisfaire[1].

III. Ces besoins ne sont pas aussi nombreux qu'on pourrait le supposer au premier abord ; ils se réduisent à trois : deux pour la conservation de la vie individuelle et un pour sa transmission. Lorsqu'un organisme a pourvu

[1] Mais quel que soit son degré de développement, il restera toujours soumis aux lois physiques, chimiques et mécaniques qui régissent la matière.

Même chez l'homme, « la conscience et la pensée n'existent que là où il y a une cellule cérébrale. En agissant *physiquement*, c'est-à-dire *matériellement*, on modifie, on suspend ou on supprime cette pensée ; en modifiant la cellule par des réactifs chimiques (éther, alcool, opium), on modifie également cette pensée plus ou moins profondément (ivresse, anesthésie). TANT VAUT LA CELLULE, TANT VAUT LA PENSÉE QUI EN SORT. Voilà les faits palpables, indéniables, que nous montre l'expérience et qui doivent être acceptés comme vérités indiscutables, que l'on soit spiritualiste ou matérialiste. — Dr d'Arsonval, *Action de l'éther sur le protoplasma.*

à son alimentation, à sa défense et à sa reproduction, il a strictement effectué la mission qui lui incombe ; il a droit au repos.

Ces trois besoins l'astreignent à un travail qui lui sera plus ou moins pénible selon qu'il sera plus ou moins apte à l'accomplir.

Le système nerveux cérébral, qui a pour caractère propre de ne faire partie d'aucune fonction vitale, mais de les commander toutes, emploie son activité à diminuer le plus possible la somme de travail organique nécessaire pour satisfaire les besoins de la collectivité qu'il dirige.

Dès lors, une partie de ce travail mécanique externe se trouve remplacé par un effort cérébral. Cet effort moléculaire interne se manifeste par ses résultats.

Chez les animaux comme chez l'homme, l'effort cérébral a pour but une économie de travail corporel. La ruse et l'invention, qui n'est qu'une forme particulière de la ruse, n'ont pas d'autre origine.

Prenons un exemple familier :

Des hommes traînent péniblement un fardeau en le tirant avec des cordes sur un sol raboteux. Ils se donnent beaucoup de mal et avancent peu. Un jour, l'un d'eux, dans un moment de repos, songeant aux fatigues qui l'attendent, cherche le moyen de les éviter. Pendant que son corps se délasse, son système cérébral se met en mouvement ; il imagine des combinaisons plus ou moins réalisables. A la reprise des travaux, il installe sous le fardeau des rouleaux et des madriers... Au grand étonnement de tous, le moindre effort exercé sur la masse, tout à l'heure si péniblement remuée, la fait avancer comme par enchantement.

Le résultat pratique est évident : tous les hommes du chantier profitent de l'effort cérébral d'un seul. Ils en profiteront toujours, eux et leurs successeurs, *sans aucune nouvelle dépense de force intellectuelle.*

D'où nous concluons que le travail cérébral économise le travail musculaire, et que c'est la perspective de cette économie à réaliser qui pousse le cerveau à exercer l'admirable faculté qu'il possède de concevoir virtuellement les objets et les rapports qu'ils ont entre eux.

Telle est, sans doute, la cause primordiale du mouvement de progression instinctive d'abord, puis intellectuelle que nous observons dans l'échelle vitale.

Il n'y a pas deux modes spéciaux de fonctionnement cérébral : l'instinct pour les bêtes, l'intelligence pour l'homme, ainsi qu'on l'affirme généralement.

Les adversaires du Transformisme, forcés de reconnaître que la machine humaine n'est qu'une mécanique animale perfectionnée, proclament que la supériorité de l'homme sur les animaux est d'ordre bien plus élevé. Elle est, suivant eux, d'essence immatérielle.

Voici ce que dit M. d'Huillet de Saint-Projet :

« Chez l'animal et le descendant de l'animal, en dépit de toute culture, l'uniformité est absolue ; la raison qui réfléchit, qui généralise, qui invente, qui progresse est toujours et essentiellement nulle. Donc, entre l'homme, quel qu'il soit, et la bête, quelle qu'elle soit, il y a le rapport d'une quantité quelconque à zéro, c'est-à-dire un abîme infranchissable par voie de transformation ou d'évolution progressive. » *(Apologie de la foi chrétienne).*

Tant que les expériences faites sur les animaux ont été peu nombreuses et superficielles, on a pu croire qu'il en était ainsi ; mais, en soumettant ces derniers au régime de l'observation libre et continue, on s'aperçoit qu'ils possèdent les rudiments de toutes les facultés humaines.

Nous ne pouvons entrer ici dans le détail des expériences qui ont été faites : ce serait beaucoup trop long. Pour notre part, nous avons attentivement analysé les faits et gestes de plusieurs chats que nous élevons *ad-hoc* et nous avons acquis la certitude expérimentale que ces animaux savent mentir et inventer. En outre, il y a chez eux, comme chez l'homme, des individus plus ou moins intelligents.

Mais à quoi bon insister sur des expériences qui peuvent prêter à la critique, alors que l'anatomie comparée nous fournit une réponse péremptoire.

Les hémisphères cérébraux sont le siège de l'intelligence proprement dite : si aucun animal autre que l'homme n'en possède, nous sommes prêts à déclarer que l'homme est vraiment une formation distincte, un être spécial supérieur, sans liaison avec les autres ; qu'il est le résultat d'une création à part et que le règne hominal est une vérité.

Mais l'étude anatomique du cerveau nous a appris que les mammifères supérieures possèdent bien réellement des hémisphères, fort petits, rudimentaires, embryonnaires si l'on veut, mais ils en possèdent. Donc, ayant l'organe, ils ont la fonction et la faculté qu'il représente.

IV. D'autre part, on a voulu voir dans la faculté du langage un signe certain, positif, indéniable, de l'acte créateur spécial dont l'homme aurait été l'objet. C'est encore un préjugé.

Le langage a une origine matérielle; il est la conséquence du développement et du perfectionnement des moyens employés par la nature pour perpétuer la vie à la surface du globe. C'est ce que nous allons expliquer.

Tant que la molécule vivante simple ou composée a pu se reproduire par bourgeonnement ou sissiparité, elle s'est suffie à elle-même, chaque individualité formant alors un tout complet.

Avec la séparation des sexes, il n'en est plus de même. Celle-ci se montre chez les poissons et les reptiles qui forment le bas de l'échelle des vertébrés, mais il n'y a pas encore d'accouplement. La fécondation des œufs est postérieure à la ponte. Le mâle et la femelle n'ont pas besoin de se connaître pour assurer la continuité de la vie.

Chez les oiseaux, qui occupent un rang plus élevé, le mâle et la femelle s'accouplent. Pour se réunir, il faut au préalable qu'ils se cherchent. Pour chercher, il faut des moyens d'investigation ; ces moyens, nous les trouvons dans les signaux qui peuvent être vus ou entendus par les intéressés.

Par conséquent, à l'apparition de l'accouplement doit correspondre un progrès considérable des systèmes nerveux et principalement des organes de la vue et de l'ouïe.

L'histoire naturelle et l'anatomie vont nous en fournir les preuves.

La première nous apprend que la presque totalité des animaux asexués ou sexués sans accouplement est *aphone* et que les animaux sexués possèdent des organes phoniques plus ou moins compliqués.

La seconde nous montre qu'il y a encore aujourd'hui chez les êtres les plus élevés de l'échelle organique, y compris l'homme lui-même, une relation constante entre la formation des organes génitaux et le développement de la voix.

Enfin, encore un argument en faveur de notre dire ; nous le mettons à tout hasard dans la balance, peut-être le trouvera-t-on trop léger. Le voici :

Ne voyons-nous pas tous les jours nos amoureux inventer mille moyens de correspondance. Pour eux, les fleurs se font alphabet, et la télégraphie optique leur était familière bien avant son emploi officiel dans nos armées.

Si Cupidon donne tant d'esprit à ceux qui en possèdent déjà passablement, il a pu se montrer de même généreux envers ses premiers fidèles. Il l'a été, n'en doutons pas.

C'est lui qui allume la petite lanterne du vers luisant. C'est lui qui donne aux oiseaux leur chant mélodieux, et le rossignol reconnaissant égrène en son honneur ses merveilleuses vocalises. Le crapaud lui-même, ce paria, ce déshérité, cet humble parmi les humbles, fait entendre aussi sa petite note argentine, timide comme la demande d'un mendiant. Il sollicite, en effet, mais il n'obtiendra qu'une partie de ce qu'il demande[1]... C'est un reptile.

Eh bien! les oiseaux aussi sont des reptiles; tout en eux vient du reptile; leur crâne est celui du reptile, mais ils possèdent une chose que les reptiles n'ont point· l'amour. Voilà tout le secret de leur supériorité et de leur magnificence.

Nous pouvons donc conclure en disant que le langage a pour origine et pour cause les nécessités de la transmission de la vie. Ce langage s'est ensuite développé et perfectionné suivant la loi générale de la nature qui est le progrès.

Comment donc peut-on prétendre que le langage soit l'apanage exclusif de l'homme et le signe de son origine immatérielle? Voici les propres paroles de MM. d'Huillet de Saint-Projet et de Quatrefages, l'inventeur du *règne hominal*. Voici leur conclusion à propos des langues

[1] Chez les crapauds, il n'y a pas d'accouplement réel, mais le mâle et la femelle se réunissent au moment de la ponte.

Les œufs de la femelle sont réunis, par une gelée, en deux cordons de huit à dix mètres de longueur, que le mâle tire avec ses pattes. — Delafosse, *Histoire naturelle*, page 217.

tasmaniennes. C'est très net, très affirmatif, mais c'est complètement inexact.

« Qu'on veuille bien faire un simple rapprochement entre cette variété de langues chez une peuplade si restreinte et si dégradée et la constante uniformité du langage chez tous les animaux de la même espèce ; c'est d'un côté la raison et la volonté libre, de l'autre le pur instinct dans son ornière de fer. » *(Apologie scientifique).*

Cette comparaison pèche par la base.

Pour être en droit de conclure comme le font les auteurs précités, il faudrait opposer l'étude du langage animal à l'étude du langage humain. Or, l'étude raisonnée du langage animal est encore à faire.

Voici une remarque qui fera voir qu'en matière d'uniformité de langage, il faut être prudent dans les affirmations.

Pendant les tristes jours de l'invasion de 1870-1871, nous avons constaté que les personnes qui ne connaissaient aucune langue étrangère confondaient tous les dialectes allemands entre eux et même ne faisaient aucune différence entre cette langue et l'anglais ou le russe.

Si l'oreille non exercée est inhabile à saisir des différences aussi capitales, comment certains auteurs peuvent-ils affirmer, sans en avoir fait une étude minutieuse et dépourvue de tout parti-pris, que les animaux ne possèdent pas un langage approprié à leurs besoins et varié suivant les circonstances locales de leur habitat.

Jusqu'à ce que cette preuve soit faite contre nous, nous continuerons à dire que le langage ne peut être considéré comme le signe de l'origine immatérielle de l'intelligence humaine.

V. Nous croyons avoir suffisamment établi, par ce qui précède, l'unité d'origine et de mécanisme du système nerveux chez l'homme et chez l'animal, mais nous ne faisons aucune difficulté pour admettre et même nous constatons volontiers qu'il y a entre eux une énorme différence dans la puissance de leur action cérébrale.

A quoi tient cette différence?

Pour la satisfaction d'un même besoin, le cerveau de l'homme et celui de la bête fonctionnent de même, mais cet acte épuise totalement la force vive du cerveau animal, tandis qu'elle ne prend (depuis les temps historiques et préhistoriques connus) qu'une partie de moins en moins grande de l'activité cérébrale humaine. Il reste donc à ce dernier un excédent dont il peut disposer à son gré.

L'animal pour vivre dépense tous les jours toute son énergie. C'est un besogneux que les nécessités de la vie matérielle accablent. Il n'a rien devant lui; il vit au jour le jour. L'homme, au contraire, c'est l'être riche et abondamment pourvu; une petite fraction de son capital suffit pour assurer son existence. Il est libre de disposer du reste comme bon lui semble et c'est l'usage, bon ou mauvais, qu'il en fait qui est le plus puissant instrument de sa prospérité ou de sa ruine.

C'est cette absorption totale de l'énergie cérébrale qui rend les animaux stationnaires; c'est cet excédent de recettes sur les dépenses qui rend le cerveau humain capable de progresser, et, ici comme partout ailleurs, ce sont les premiers pas qui ont été les plus difficiles. Sans remonter au-delà des siècles historiques, nous constatons que les progrès sont immensément plus rapides aujourd'hui qu'autrefois, et que les cinquante années qui viennent de s'écouler sont plus fécondes que les dix-huit siècles qui nous séparent du règne d'Auguste.

Mais comment, seul entre tous les animaux, l'homme a-t-il pu sortir de l'état besogneux qui leur était commun primitivement ?

A celà, nous répondrons que, parmi les graines d'une même plante, il y en a toujours une qui prospère mieux que les autres ; que, parmi les êtres d'un même troupeau, il y en a toujours un qui domine ses semblables; que, parmi les peuples, il y en a toujours un qui centralise la civilisation, et que, dans le sein même de ce peuple, des individus se distinguent de la foule.

Depuis le commencement du mouvement sidéral, nous assistons à une sélection perpétuelle. La terre n'est qu'une fraction de la matière cosmique; la matière organique n'est qu'une fraction de la matière terrestre; le cerveau n'est qu'une fraction de le matière organique, et, parmi tous les cerveaux, un seul surpasse les autres : c'est celui de l'homme.

Dès l'apparition de la vie, la nature, nous fait assister à la constante élévation de quelques-uns au-dessus de tous ; parce qu'en tout il faut un centre, une tête, un chef, une volonté.

La supériorité de l'homme sur les animaux est une conséquence de la loi de concentration qui imprègne, dirige et anime éternellement les atomes de la matière, quelle que soit, d'ailleurs, la liaison qui les enchaîne pour un moment.

Il ne faut pas s'exagérer le rôle de cette perfectibilité de l'homme ; nous verrons tout à l'heure qu'elle n'appartient qu'à certaines races, et, dans ces races, qu'à certains individus dont le travail intellectuel profite à tous les autres.

La nature humaine semble bien plutôt réfractaire au progrès ; les hommes, même civilisés, restent enclins à la routine[1].

[1] On désigne sous le nom de misonéïsme la tendance à la routine et l'effroi du nouveau.

Ce sentiment existe chez les animaux et plus chez les peuples primitifs et chez les enfants que chez les hommes civilisés.

« Le premier qui vit un chameau s'enfuit à cet objet nouveau, etc. », a dit Lafontaine ; chez les gens peu instruits, la vue d'une chose nouvelle inspire toujours la défiance, la crainte, quelquefois la terreur. J'ai remarqué personnellement que les instruments de mon modeste laboratoire d'étudiant (surtout les cornues et les *bouteilles à plusieurs goulots*) inspiraient aux pêcheurs d'un petit hameau perdu au bord

Les peuplades du centre de l'Afrique et de l'Amérique du Sud sont encore à l'état de nature. Or, comme le temps écoulé sur la terre est le même pour tous les lieux géographiques, il s'en suit que, depuis les temps historiques, certaines races humaines sont restées identiques à elles-mêmes comme les animaux. Ceci est indiscutable.

Il y a donc des hommes qui ont conservé le caractère

de la mer (Normandie, 1865-1875) une véritable terreur superstitieuse. Pour ces braves gens, j'etais une *manière de sorcier*.

Chez les hommes instruits, le misonéisme porte principalement sur les idées et les theories.

Le misonéisme a joué un rôle sanglant dans l'histoire de l'humanité : tous les novateurs en ont été les victimes. Galilée est resté le héros légendaire du progres contre la routine; lui seul avait raison contre tous.

Il fut condamné et devait l'être. Les juges de l'inquisition n'ont fait que reéditer contre lui la sentence prononcée à Athènes contre Aristarque de Samos pour le même motif (*Mouvement de la terre*), trois siécles avant Jésus-Christ.

Ils ont été tous deux victimes du misonéïsme et non d'une monstrueuse iniquité. Le tribunal était, à coup sûr, ignorant, mais il etait sincère, partant juste et equitable pour son époque.

C'est principalement dans l'examen critique de ces grandes luttes qu'il faut se garder des opinions toutes faites, des parti-pris et des jugements passionnels.

En un mot, pour peser exactement les actions des personnages de l'histoire, il faut nous efforcer d'être, non de notre temps à nous, mais de leur temps et de leurs vies.

Nous devons nous servir de leurs poids et de leur balance, et non pas des nôtres.

Le misonéisme et sa conséquence, la routine, est une loi utile; il represente le frein qui modère la marche du progrès et, par celà même, il le rend plus stable, plus durable, plus profitable à tous. — R. C.

propre à l'animalité : celui de ne pas contenir en eux-mêmes les éléments nécessaires pour progresser.

Sans examiner leur manière de vivre, nous voyons qu'ils sont, comme les animaux, des êtres besogneux toujours occupés à rechercher leur nourriture sans pouvoir assouvir leur faim.

VI. Le véritable signe caractéristique de l'homme, c'est d'être accessible au beau, d'avoir la perception de l'harmonie et de posséder la faculté esthétique.

Quoique certains auteurs aient essayé de faire remonter ce sentiment jusqu'à l'animal, nous pensons plutôt que les bêtes sont incapables de le concevoir.

Ce que l'on a pris en elles pour l'amour du beau n'est qu'une sorte d'attraction ou plutôt de fascination produite par les objets brillants. Elles recherchent ce qui a de l'éclat et non ce qui est harmonieux.

En cela beaucoup d'hommes leurs ressemblent, et sans nous occuper des sauvages qui ont une passion pour les verroteries, il existe encore bon nombre de personnes qui font consister la beauté dans l'éclat.

L'homme, dont l'esprit n'est pas cultivé, n'a pas conscience du beau harmonique. Il ne conçoit que le beau brillant.

Prenez une pendule en zinc bien étincelante de dorure et un bronze artistique sombre et mat : donnez à choisir à des personnes illettrés. Dix fois sur dix, c'est-à-dire toujours, la pendule grotesque sera préférée et l'œuvre d'art délaissée.

Quand un homme des champs entre dans une exposition de peinture, les cadres dorés excitent seuls son admiration ; il ne comprend rien aux tableaux.

L'artiste qui a vécu à la campagne sait très bien que ce que nous appelons les beautés de la nature n'existent pas pour le paysan. Un beau coucher de soleil, un dessous de bois harmonieusement calme ne lui procurent aucune jouissance intellectuelle.

Il est encore trop près de l'état primitif. La satisfaction des besoins matériels l'absorbe et suffit à son esprit.

Nous devons dire cependant que grâce à la diffusion de la science en général, et surtout grâce à l'enseignement du dessin, des arts plastiques et de la musique, cet état disparaît rapidement.

L'homme et l'animal éprouvent donc la même sensation agréable purement matérielle quand ils se trouvent en présence d'un objet brillant; mais tandis que l'animal n'ira jamais au-delà, l'homme, par la suite des siècles, affinera sa perception primitive. Il l'idéalisera en la rendant solidaire du mouvement rhytmé et de la proportion harmonique.

Mais qu'est-ce donc que le beau, et avant d'analyser son mécanisme pouvons-nous en donner une définition satisfaisante? Sommes-nous tous bien d'accord sur la nature des sensations que nous désignons sous ce vocable ; car enfin, nous le voyons accolé à une foule de choses qui ne paraissent avoir entre elles aucun lien ?

On dit un beau tableau, une belle action, une belle

machine, un beau discours, une belle statue, un beau paysage, une belle couleur, un beau son.

Par contre nous ne voyons pas qu'on dise une belle saveur, une belle odeur. Nous remarquons aussi qu'une chose produisant deux ordres de sensations différentes prendra le qualificatif beau, ou celui de bon, selon qu'on voudra désigner une impression visuelle ou une sensation tactile. On dira un beau fruit en parlant de sa forme et de sa couleur, et un bon fruit si on veut désigner seulement son goût.

Donc le beau s'applique tout particulièrement aux sensations les plus élevées, à celles qui résultent des vibrations les plus subtiles, couleurs, son, forme rendue sensible par la lumière. Par extension il s'applique aussi à certains actes relevant de l'ordre moral, comme le courage, la vertu, l'abnégation, etc., etc.

En présence de cette multitude d'acceptions diverses nous ne devons pas être surpris de trouver un grand nombre de définitions du beau.

Pour les uns le beau est la splendeur du bien.

Aristote plaçait le beau dans l'ordre et l'harmonie des parties.

Plotin identifiait le beau avec le bien et avec l'Être immatériel.

D'après Platon, le beau serait absolu et invariable comme la vérité et le divin.

Pythagore disait : « Dieu fait partout de la géométrie. »

Baumgarten défini le beau par la perfection rendue sensible.

Cicéron entend l'harmonie des sphères célestes. (Le songe de Scipion).

Képler décrit également l'harmonie géométrique des planètes et la beauté de leurs mouvements.

Le Dictionnaire de l'Académie défini le beau, ce dont les proportions, les formes et les couleurs plaisent aux yeux et font naître l'admiration.

Pour Hégel, le beau est la vérité absolue.

Pour Pictet, le beau est l'harmonie de l'idée et de la forme, dans l'expression sensible de l'idée par la forme, *sans qu'il y ait aucun but d'utilité.*

Boileau a dit : « Rien n'est beau que le vrai, le vrai seul est aimable. »

Enfin, Ph. Gauckler, défini aussi le beau :

« La beauté consiste dans la manifestation, la traduction, l'expression vraie de la vie et de ses évolutions au moyen de la matière et de ses attributs, la forme et le mouvement. »

Cette définition permet de faire rentrer la danse dans les beaux-arts, ce qui est juste :

« Le beau ne peut naître du tumulte, du retentissement simultané d'une foule de sons où l'oreille ne décèle aucun mode, aucun accord ; les arts plastiques ne peuvent pas davantage le trouver dans le caprice déréglé des couleurs et des lignes[1]. »

[1] Auguste Laugel, *L'optique et les arts.* — Introduction.

« Le beau naît toujours d'un rapport. C'est pourquoi l'optique et la géométrie des formes cristallines ou vivantes peuvent être utiles à l'artiste. Elles donnent au génie créateur les moyens les plus propres à exprimer son rêve et à le traduire dans la langue des signes et des symboles matériels[1]. »

En donnant ces différentes formules du beau, notre but n'est pas de montrer leur imperfection, mais de faire ressortir leurs similitudes. Au fond de toutes nous trouvons indiquée plus ou moins fortement l'idée d'harmonie et de mesure.

D'un autre côté nous y trouvons aussi l'indication et même l'affirmation de l'existence d'un élément immatériel.

« Mais pour que les formes de la pensée et les mouvements de l'âme puissent être exprimés avec vérité par les formes et les mouvements de la matière, il faut qu'entre la vie et la matière il y ait une affinité mystérieuse, une unité de loi, que l'intelligence ne peut ni saisir ni comprendre et dont nous avons conscience par le sentiment. C'est la révélation intime de cette unité qui élève notre âme dans le sentiment religieux quand elle s'élance vers l'infini ; et c'est cette unité de la vie et de la substance dans le monde fini, qui fait naître le sentiment du beau. Frère du sentiment religieux, il s'est toujours tenu à ses côtés ; confondu quelquefois avec lui par l'ignorance, il a,

[1] Auguste Laugel, *Du caractère idéal de l'art.*, p. 143.

dans tous les temps, aidé les âmes humaines à s'élever vers le ciel[1]. »

« Le beau, indépendant de tous les phénomènes contingents et variables qui se rencontrent dans la nature ; le beau éternel comme Dieu et immuable comme lui, l'idéal des idéals, c'est la manifestation de l'unité de l'Être, c'est la *Vérité* sans parure, mais pleine de vie, dans sa chaste nudité[2].

« Ce que notre sentiment nous a révélé comme beauté ici-bas, s'appellera vérité au ciel[3]. »

Le sentiment religieux et le sentiment artistique découlent d'une même source ; le besoin d'un idéal répondant à un état plus parfait que celui réalisé par la matière. Il n'est donc pas étonnant que la religion ait fait éclore des chef-d'œuvres et que réciproquement les artistes aient trouvé dans la religion une inspiration puissante.

Aussi voyons nous à toutes les époques les beaux-arts étroitement unis aux cérémonies religieuses. On danse et on chante devant l'autel qui, lui-même, est orné de sculptures et de peintures. Chez les peuples primitifs, ces manifestations ne sont que des ébauches ; mais elles n'en sont pas moins le premier terme d'une progression qui se développera sans cesse pour aboutir à l'admirable statuaire grecque et aux magnifiques œuvres modernes.

[1] Ph. Gauckler, *Définition du beau*, p. 13.
[2] *Ibid.*, p. 29.
[3] *Id.* Schiller, 1788.

Il est certain que le beau produit sur les tempéraments artistiques un état particulier d'exaltation qui renforce leurs facultés intellectuelles. Par contre, le laid leur inflige une véritable souffrance. Quoi de plus agaçant qu'un monument qui n'est pas d'aplomb, qu'une machine sottement agencée, qu'une fausse note, qu'un barbouillage chromo-lithographique.

Un véritable artiste s'émeut en présence d'une harmonie quelle qu'elle soit. La contemplation d'un beau paysage est pour le peintre une source de jouissance, car « la nature a un langage doux et mélodieux qui élève l'âme et fait délicieusement rêver. » Dans le vent qui souffle à travers les arbres et le torrent qui gronde, le musicien perçoit la voix de la tempête. Tout un drame lyrique envahit son âme ; alors qu'autour de lui, les organisations vulgaires n'entendent qu'un bruit confus de branches qui se cassent et de pierres qui roulent.

VII. L'étude physiologique du beau nous entraînerait trop loin et sortirait du cadre que nous nous sommes imposé.

Laissant donc de côté tout ce qui touche à l'idéal de l'art, nous ne retiendrons pour nous que la partie matérielle, servile s'il est permis de s'exprimer ainsi. Cette partie, c'est l'agencement mécanique à l'aide duquel les sensations extérieures impressionnent notre masse cérébrale et par suite affectent notre MOI conscient.

Lorsque nous étudions cette mécanique sensitive, il semble que nous pénétrons dans une galerie de moins en moins éclairée. A l'entrée tout est précis et lumineux, plus loin les contours s'estompent, puis tout disparait.

Ainsi nous connaissons avec une précision qui ne laisse rien à désirer la nature des mouvements vibratoires qui constituent le son et la lumière. Nous connaissons anatomiquement le mécanisme dans lequel ces vibrations viennent se concentrer (œil et oreille). Nous savons également qu'au fond de ces mécanismes se trouve l'épanouissement d'un nerf spécial qui les recueille et qui les transmet par son autre extrémité à la masse cérébrale.

Là s'arrêtent nos connaissances.

Comment ce nerf fonctionne-t-il ?

Transmet-il la sensation par une vibration analogue à celle qu'il a reçue ?

La modifie-t-il pour la rendre assimilable à la masse cérébrale dans laquelle il va l'introduire ?

Enfin, comment cette masse parvient-elle à transformer ce courant harmonique ou discordant en une suite de pensées ?

La science est muette sur ces points, et nous devons nous arrêter là où la méthode expérimentale cesse d'avoir prise. Cette barrière se trouve à l'endroit où les vibrations purement matérielles de la lumière ou du son subissent leur première modification cérébrale.

Le champ à étudier étant ainsi nettement délimité, nous pouvons aborder l'étude des conditions matérielles nécessaires pour faire naître en nous la sensation du beau et celle de son contraire, le laid.

D'abord constatons l'origine du beau artistique.

A coup sûr, il a pris naissance dans l'humanité, mais où et à quel moment?

Quand l'homme a cessé d'être un animal besogneux, c'est-à-dire perpétuellement occupé, sous peine de mort, à se nourrir et à se défendre. Quand il a pu jouir de quelques instants de repos en plus du sommeil réparateur indispensable, alors il est devenu artiste, philosophe ou savant.

Les premiers humains ont dû se soucier fort peu des beaux-arts et de la science; ils n'avaient pas le loisir de les cultiver. De nos jours, mais sans avoir la même excuse, la multitude préfère ajouter au sommeil les heures qu'elle pourrait consacrer à la méditation. Que d'hommes usent leurs facultés cérébrales à satisfaire surabondamment les besoins élémentaires du protoplasma qui compose leur individu! et, cependant, c'est le bon ou mauvais emploi de nos réserves cérébrales qui est l'origine commune de nos défaillances et de nos progrès.

De nos défaillances, nous n'avons rien à dire ici; nos progrès individuels ou sociaux sont plus intéressants et nous allons étudier le mécanisme cérébral de la faculté esthétique.

Pourquoi ceci nous semble-t-il beau, pourquoi ceci nous semble-t-il laid?

On dit bien souvent, sous forme d'aphorisme : « Des goûts et des couleurs il ne faut discuter. » Ce qui paraît indiquer qu'il ne peut y avoir de règle fixe en ces matières et que chacun est libre de son appréciation.

C'est une erreur ; le beau est beau et le laid est laid, parce qu'ils sont l'un et l'autre une conséquence de l'harmonie et nous savons que les règles de l'harmonie sont invariables.

Notre cerveau ne peut être impressionné que par les vibrations qui lui sont transmises par les sens. L'œil et l'oreille ne sont autre chose que des cribles qui introduisent dans notre individu et font parvenir à notre MOI conscient, l'un, les vibrations lumineuses qui engendrent le sentiment intime de la couleur et de la forme, l'autre, les vibrations acoustiques d'où résulte la notion du son et du bruit.

Ces vibrations, à leur tour, déterminent dans la masse cérébrale deux ordres très distincts de sensations. Le premier ordre procure à notre MOI la notion de l'existence d'un fait où phénomène extérieur à lui. Par le second ordre, notre MOI est affecté agréablement ou désagréablement.

L'affection agréable nous procure la sensation du beau ; l'affection désagréable, celle du laid.

C'est précisément la recherche des conditions correspondant à l'agréable et au désagréable qui va constituer notre analyse géométrique des beaux arts.

Nous allons démontrer que le beau n'est pas le résultat d'un caprice, comme la mode, mais l'expression d'une loi naturelle invariable.

VIII. La physique nous enseigne que le son et la lumière ont pour origine des vibrations plus ou moins rapides de la matière plus ou moins diffuse. Les sons se distinguent les uns des autres par le nombre de vibrations exécutées en une seconde de temps. L'origine de la lumière et des couleurs du prisme est identique.

Dans l'un comme dans l'autre cas, la science a pu déterminer les nombres qui correspondent aux notes d'une gamme (ut, ré, mi, fa, sol, la, si, ut^2) et aux couleurs du spectre (rouge[1], orange, jaune, vert, bleu, indigo, violet, $rouge^2$).

Si notre cerveau ne perçoit qu'une note ou qu'une couleur, cette note ou cette couleur ne fait sur lui aucune impression agréable ou désagréable. Prise isolément, il n'y a aucune note fausse, aucune couleur fausse.

Il n'en est plus de même si notre organe est obligé de recueillir en même temps ou successivement, à moins d'une seconde d'intervalle, deux ou plusieurs sons, deux ou plusieurs couleurs. A leur réception, notre MOI est agréablement flatté ou douloureusement affecté. Il y a harmonie ou dissonnance.

Nous frappons en même temps les notes si, do, ré (note sensible, tonique et sus-tonique d'une tonalité quelconque) ; notre oreille se révolte ; nous juxtaposons du rouge et de l'orange, notre œil n'est pas satisfait. Il en sera tout autrement si nous frappons do, mi, sol

1 Il est plus exact de dire « aux anneaux colorés », parce que ces anneaux reproduisent plusieurs fois la gamme des couleurs.

(tonique, médiante, dominante d'une tonalité quelconque (ré, fa, la) (sol, si, ré), etc., etc., et si nous disposons des bandes colorées en rouge, jaune et bleu.

Pourquoi ces sensations opposées?

La physique nous répond. Si nous représentons par 1 le nombre de vibrations de la note do (tonique), le nombre des vibrations exécutées par les sons produisant les autres notes de la gamme seront représentés par 9/8, 5/4, 4/3, 3/2, 5/3, 15/8 et 2, et la longueur des cordes vibrantes qui les rendent seront, elles-mêmes, dans les rapports inverses : 1, 8/9, 4/5, 3/4, 2/3, 3/5, 8/15, 1/2.

Si nous considérons le temps écoulé entre deux retours périodiques des accès de même ordre d'après Neuton, le rouge, pris comme tonique, sera représenté par 1 et les autres couleurs par les fractions 8/9, 4/5, 3/4, 2/3, 3/5, 9/16, 1/2, qui sont identiques à celles des cordes vibrantes. Il n'y a d'exception que pour la note sensible *si* (8/15) et la couleur violette (9/16).

Voilà, certes, une remarquable concordance entre deux ordres de phénomènes en apparence bien éloignés l'un de l'autre.

Nous allons voir maintenant que les vibrations, qu'elles soient lumineuses ou sonores, affectent notre MOI esthétique de la même manière. Leur essence propre disparaît pour faire place à leurs propriétés mécaniques, *vitesse* et *intensité*, lesquelles seront seules en cause désormais. Et, de même que la gravitation universelle et l'équivalence des forces ne tiennent aucun compte de la nature *chimique* de l'atome en mouvement, de même notre cerveau, notre propre MOI, après avoir perçu la sensation lumineuse ou sonore, ne tient plus compte de l'essence des vibrations qui l'agitent, mais uniquement des rapports géométriques qu'elles ont entre elles.

Si ces rapports sont simples, l'impression est agréable, si ces rapports sont complexes, l'impression est pénible.

Représentons, ainsi que nous le faisons sur ce tableau, la note *do* et la couleur rouge par une longueur arbitraire de 100 unités; d'après cette base, la note *mi* et la couleur jaune seront représentés par la longueur 125, le *sol* et le bleu par 150.

Quoi de plus simple que cette harmonie des nombres 100, 125, 150; aussi, les notes qui les représentent constituent l'accord parfait, base fondamentale de la musique, et les couleurs qui s'y rattachent sont dites simples ou élémentaires.

Le goût, l'odorat et le tact, s'ils étaient mieux connus, nous fourniraient probablement des rapports analogues, mais, comme les beaux-arts dérivent tous de la vue et de l'oreille, nous laisserons les autres sens de côté.

L'oreille nous donne la musique et la poésie; la vue nous fait jouir de la peinture et de la sculpture. Cette dernière s'adresse particulièrement à la forme.

La forme n'échappe pas à la loi des harmonies; par les rapports de surface, elle règle et pondère l'action propre à chaque couleur. Dans les arts décoratifs, les

SYNTHÊSE DU TRANSFORMISME

Harmonie des rapports simples

COMPARAISON DES GAMMES

OPTIQUE	ACOUSTIQUE
+ Rouge 1....... 1..	..1... Ut 1 = 100 +
Orange...9/8..	...9/8...Ré
+ Jaune.... ...5/4...	...5/4... Mi = 125 +
Vert..... 4/3...	...4/3...Fa
+ Bleu......... 3/2...	...3/2...Sol = 150 +
Indigo....5/3...	...5/3...La
Violet... 16/9...	..15/8...Si
Rouge 2....... 2...	...2...Ut 2. = 200

COULEURS SIMPLES

NOTES DE L'ACCORD PARFAIT

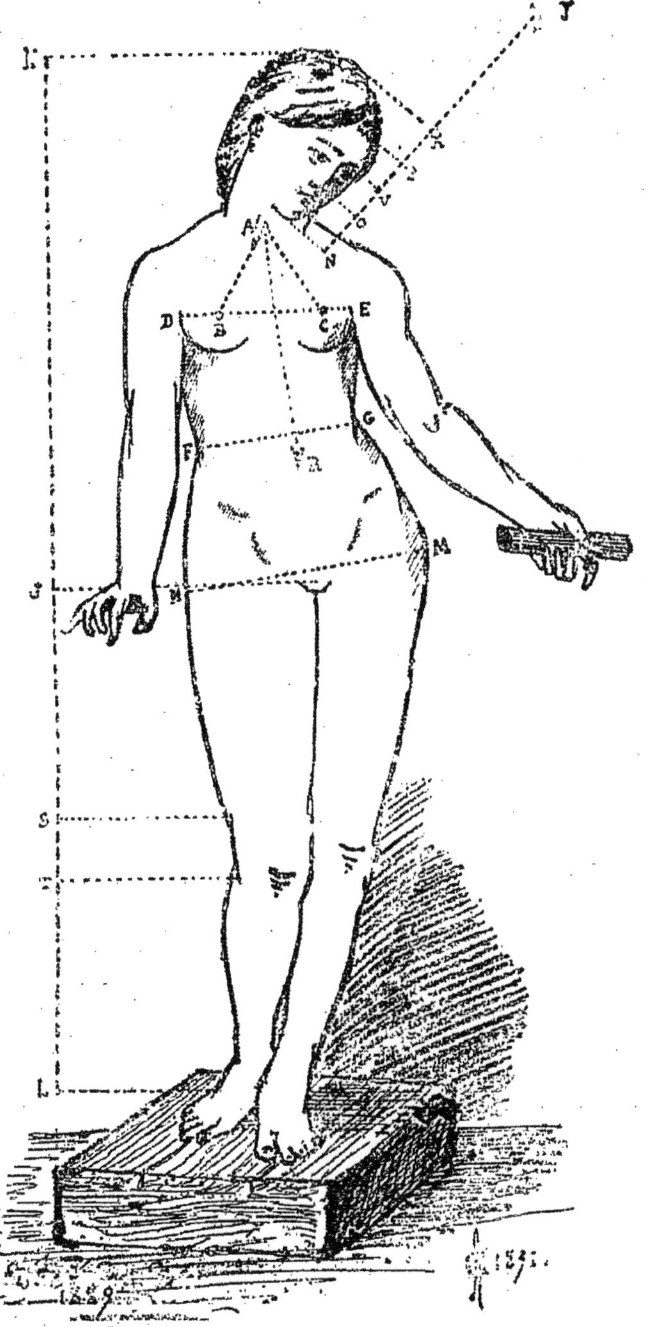
J
A
N
D
B
C
E
G
F
M
S
L

SYNTHÈSE DU TRANSFORMISME

Analyse géométrique des Beaux-Arts

1° *Comparaison des proportions du corps humain et des gammes optiques et acoustiques*

CHEZ LA FEMME	FG = 1 = 100	= Ut = Rouge		Accord parfait majeur
	DE = 5/4 = 125	= Mi = Jaune		
	HM = 3/2 = 150	= Sol = Bleu		

ACCORD PARFAIT MAJEUR

NX =	1 = 100	= Ut¹ = Rouge¹
[1] YX + NO =	5/4 = 125	= Mi = Jaune
YX + NV =	3/2 = 150	= Sol = Bleu
YX + NX =	2 = 200	= Ut² = Rouge²

ACCORD PARFAIT MINEUR

Largeur de la tête	= 1 = 100	= Ut = Rouge
Hauteur du visage (NP)	= 5/4 = 125	= Mi = Jaune
— de la tête (NX)	= 5/3 = 166,6	= La = Indigo

NO + OV + VP = hauteur du visage = 1 face
NO + OV + VP + PX = hauteur de la tête = XY
NO = OV = VP = PX

d'où NV (siège des organes percepteurs des sensations externes) = VX (siège des organes cerébraux récepteurs internes, constituant le Moi de l'*homo sapiens*).

Cette relation NV = VX est caractéristique de l'Homme.

Aucun animal ne la possède, mais *tous* les hommes ne la possèdent pas.

2° *Harmonie des rapports simples*

NP = 1 face prise comme unité
AR = 2 NP
KL = 10 NP
LJ = 1/2 KL = 5 NP
JS = 2 NP
ST = 1/2 NP
TL = 2 1/2 NP
AB = BC = BA = Triangle équilatéral parfait (chez la femme)
NX = FG

[1] Pour ne pas rendre la figure confuse, la valeur additionnelle YX = 1 = 100 a été tracée sur le prolongement de NX côté X ; mais en réalité, pour le calcul comparatif, elle doit être comprise comme faisant suite à XN côté N.

rapports d'étendue ont quelquefois plus d'importance que les rapports de tonalité.

Dans l'architecture, la forme enveloppante d'un monument provoque et caractérise tout à la fois l'impression qu'il nous produit.

Un monument cubique n'a pas de caractère; il nous laisse indifférents. C'est une note isolée, une couleur sans éclat; mais, si ses dimensions en longueur, largeur et hauteur sont en rapports simples, notre esprit éprouve une sensation harmonique qu'il ne peut modifier.

Les cathédrales gothiques, par exemple, qui sont caractérisées par la prédominance des lignes verticales, éveillent l'idée de ce qui est élevé, du ciel, du « là-haut », tandis que des temples égyptiens, tout en longueur, semblent remper sur le sol.

Enfin, la statuaire est soumise, elle aussi, aux lois de la géométrie.

Si nous représentons par 1 la circonférence de la taille chez la femme, celle de la poitrine sera de 5/4, celle des hanches de 3/2.

Là encore, nous retrouvons les rapports fondamentaux 100, 125, 150. La largeur de la tête étant 1, la hauteur du visage est de 5/4, celle de la tête 5/3. Il serait facile de multiplier les exemples, en prenant pour base la face, le pied ou la main[1]. Tous les artistes les connaissent.

[1] L'exposé des rapports harmoniques que nous donnons ici est forcément très incomplet. C'est un abrégé d'une étude que nous espérons

Partout, nous retrouvons cette alliance intime du simple avec le beau ; du compliqué, du désordre avec le laid. Nous en concluons légitimement que l'un est la

pouvoir faire connaître un jour sous le titre d'*Analyse géométrique des beaux arts.*

Néanmoins, pour que le véritable sens des exemples que nous citons ne donne pas lieu à de fausses interprétations, nous indiquerons ici quelques principes fondamentaux, en les énonçant sous la forme la plus brève possible.

1° Génération des gammes : parmi les innombrables termes de la progression que forment les vibrations moléculaires de même nature (son, lumière), l'organe cérébral en distingue un certain nombre qu'il isole immédiatement pour former une gamme chromatique. Ces individualités, ainsi isolées, sont entre elles dans un rapport simple. Elles ont reçu un nom usuel, celui de gamme chromatique des tons.

En cela l'observation populaire a devance la science, puisqu'elle a confondu sous un même nom deux choses en apparence bien distinctes, l'échelle des sons et l'échelle des couleurs. Elle avait pressenti le parallélisme des rapports geometriques de ces deux ordres de sensations :

2° Génération des accords : parmi ces sons, la masse cerébrale en choisit un certain nombre auxquels elle attribue une importance prépondérante. Ces individualités majeures sont entre elles dans un rapport excessivement simple. En acoustique, ces rapports forment l'accord parfait; en optique, ils donnent les couleurs fondamentales.

En optique perspective (architecture, sculpture), les lignes majeures sont celles qui s'imposent à l'œil. L'impression qu'elles produisent n'est pas due à leur vraie grandeur, mais seulement à la dimension qu'elles *paraissent avoir* du point de vue où se trouve l'observateur.

Il en résulte cette loi : 1° toute forme architecturale ou statuaire sera harmonieuse si les projections perspectives de ses lignes majeures, construites pour un point déterminé, forment entre elles un ou plusieurs rapports simples; 2° si l'œil a conscience du relief des lignes,

conséquence de l'autre, et, par conséquent, que la faculté esthétique, quoique confinée dans l'homme et caractéristique de son esprit, n'est, en dernière analyse, qu'une forme spéciale de l'attraction universelle, cause première et immuable des mouvements vibratoires producteurs de la lumière et du son.

soit par la vision réelle, soit par mémoire, il faut introduire dans la formule un coefficient de correction.

Il en résulte qu'une œuvre (édifice ou statue) très harmonieuse d'un certain point de vue pourra paraître discordante, si elle est examinée d'un autre endroit.

La valeur de ce coefficient de correction est difficilement calculable. C'est une affaire de sentiment : sa juste appréciation est l'apanage des vrais artistes.

Les beaux arts (musique, peinture, sculpture, architecture) ne sont donc que la mise en œuvre de l'immense multitude des combinaisons que peuvent former entre eux les quelques rapports élémentaires désignés ci-dessus. On conçoit aisément que cette mise en œuvre d'éléments aussi souples échappe au calcul mathématique, et que, s'il est relativement facile de devenir, par l'étude, bon exécutant musical, bon copiste, bon praticien, on ne sera jamais compositeur, peintre, sculpteur, poète, si on ne possède le don quasi divin du génie.

C'est par là et en celà seulement que l'homme est le sommet du règne organique. Son génie le rend supérieur à tous les animaux et à beaucoup de ses semblables. — R. C.

IV

EVOLUTION SOCIALE

MARCHE GÉOGRAPHIQUE DE LA CIVILISATION. — PROGRÈS SOCIAL. — DESTINÉES DE L'HUMANITÉ

I. Nous venons de passer en revue les différentes phases du perfectionnement du protoplasma nerveux et nous avons vu que l'homme représente sur la terre le point terminus de la mécanique animale. En lui, les organes ont atteint la forme la plus favorable à l'accomplissement des fonctions constituant la base de l'association vivante.

Notre dernière division sera un exposé de transformisme humain ; l'homme étant étudié au double point de vue de ses actes et de ses pensées.

Nous suivrons, non plus le perfectionnement d'un être, puisque celui-ci est devenu parfait dans son fonctionnement mécanique, mais les progrès de l'intelligence qui vient d'éclore en lui.

Nous verrons l'homme modifiant peu à peu sa manière de vivre et son outillage, grâce à sa puissance intellectuelle. Nous verrons naître la civilisation, nous la verrons se transformer et se transporter à la surface du globe pour arriver jusqu'à nous. Et dans ces transformations et dans cette marche nous reconnaîtrons l'action d'une force directrice, obéissant à des lois immuables, et non l'œuvre d'un hasard aveugle ou d'une volonté mobile, capricieuse et fantasque. Là, comme dans les chapitres précédents nous trouverons l'harmonie, car le désordre n'est qu'une illusion due à notre ignorance momentanée : en réalité il n'existe pas. Dans l'univers il n'y a pas de place pour lui.

Enfin, utilisant nos connaissances acquises touchant les lois du progrès social, nous nous hasarderons à prédire la route que la civilisation suivra après nous et les destinées qui l'attendent.

II. Nous devons nous poser d'abord la question suivante :

Depuis son apparition sur la terre [1] l'homme a-t-il

[1] Voici à titre de curiosité, les dates que les différentes cosmogénies attribuent à la création de l'homme et à l'origine du monde, car ces deux choses n'en faisaient qu'une pour les anciens... et n'en font qu'une encore pour beaucoup de modernes.

Tradition biblique :	1° d'après les tables alphonsines.....	6984 Av. J. C.
—	2° les septantes (Ricoli).............	5634
—	3° Phèdon (juif)....................	5190
—	4° art de vérifier les dates...........	4963
—	5° texte samaritain..................	4351
—	6° la vulgate.......................	4184
—	7° les Talmudistes	3784

progressé, ou bien est il resté stationnaire ou bien encore a-t-il rétrogradé?

La science actuelle est en mesure de résoudre cette question. Elle répond : 1° depuis l'époque où on a constaté ses traces, il a certainement progressé; 2° que si, par places, il a fait un pas en arrière, ce pas est toujours le résultat d'un accident local, d'un cataclysme naturel, d'une invasion à main armée, etc.; mais dans le réseau formé par les agglomérations humaines, il est possible de tracer une ligne de continuelle progression.

Bien plus, nous pouvons déchiffrer quelques-unes des lois qui semblent gouverner la marche géographique et le progrès intellectuel de l'humanité.

L'étude politique et sociale de l'homme nous enseigne : 1° que parmi toutes les familles humaines une race a prospéré beaucoup plus que les autres : c'est la race Indo-Européenne; 2° que le soi-disant *âge d'or* des temps primitifs n'est qu'une fiction. A l'origine l'homme se dis-

Ce qui fait une difference de 3,200 ans entre l'évaluation maxima et l'evaluation minima de tradition biblique, soit une erreur de 30 0/0 environ.

Tradition	Indienne	3.982.208 ans.
—	Japonaise	2.362.591
—	Chinoise	2.362.594
—	Chaldéenne (Epigène)	720.000
—	Babylonienne (Bérose)	480.000
—	des mages de la Perse	100.000
—	Phénicienne	30.000

La science moderne fixe (d'après Thomson) l'apparition de la vie sur le globe........ de 10,000,000 d'années.

— à 15,000,000 —

tinguait fort peu des animaux; 3° que la civilisation se déplace constamment en marchant vers l'ouest;- que le progrès ne s'effectue pas d'une façon régulière, mais par une suite de poussées séparées les unes des autres par des périodes de stagnation, dont notre moyen âge nous offre un exemple; 5° que la suprématie d'une nation sur une autre n'est pas soumise aux hasards d'une seule guerre, mais que le résultat final dépend de l'âge des races qui combattent et de leur situation géographique.

La physique et la chimie nous ont dévoilé le transformisme sidéral; la biologie et l'embryogénie nous ont montré les phases de l'évolution organique; l'histoire est la science qui nous renseignera sur l'évolution de l'homme.

Nous allons l'analyser comme le chimiste analyse une substance compliquée, et déduire de sa composition ses propriétés et ses applications possibles.

Nous trouverons dans les récits historiques les preuves de l'existence d'une force sans cesse en activité, supérieure aux politiques humaines et indépendantes des peuples sur lesquels son action s'est exercée. L'histoire ainsi comprise devient une mine féconde dont nous utiliserons les richesses.

Nous allons tracer à grands traits la marche géographique de la civilisation et décrire les caractères sociaux des centres où elle a brillé du plus vif éclat [1].

[1] Tout ce qui suit est le résumé du mémoire intitulé : *La Marche géographique de la civilisation*, que nous avons lu dans la séance générale de la Société, du 27 novembre 1886, et dont le manuscrit a été déposé par nous même sur le bureau. — R. Coulon.

III. En étudiant comparativement la position géographique des anciennes capitales du monde indo-européen, nous remarquons tout d'abord une certaine régularité dans la distribution et dans la succession des principaux foyers de l'intelligence. Nous nous apercevons qu'il existe une direction déterminée dans la marche de la civilisation et que là comme partout ailleurs la nature obéit à des lois immuables [1].

Lorsque nous appliquons à l'histoire les procédés de la méthode comparative, nous sommes surpris des horizons nouveaux qui s'ouvrent devant nous. Si, laissant de côté le détail des hommes et des choses qui constituent la vie intime d'un peuple, nous portons nos regards sur l'ensemble de sa carrière, nous constatons aussitôt que les nations se comportent comme de véritables individus. Elles forment des unités composées opérant toujours leur évolution par phases successives qui sont : 1° une période d'accroissement; 2° une période de stagnation; 3° une période décroissante après laquelle elles cessent d'exister comme unité politique. Puis elles se désagrègent et leurs éléments servent de matériaux pour la formation et l'accroissement de nouveaux groupes.

En un mot, toute civilisation due à l'expansion de la

[1] C'est cette lutte entre le passé et le présent, entre les hommes et le climat, et non point le récit des batailles d'armées et de crimes des rois, qui constituent la véritable histoire, c'est-à-dire l'évolution de l'homme dans ses rapports avec le globe. — Elisée Reclus, *La Terre*, page 655 (1869)

famille indo-européenne, est fille de celle qui la précède et mère de celle qui la suit. *En outre elle use la terre qui la porte comme la plante épuise le sol où elle végète.* Donc les nations naissent, vivent et meurent comme les individus. Il n'y a d'impérissable en elles que leur travail. Lui seul se transmet de génération en génération. C'est un legs dont la valeur augmente sans cesse et constitue le capital et l'outillage du progrès.

IV. La civilisation paraît marcher dans une direction spéciale qui est l'ouest. Il est rare qu'une colonisation importante s'effectue au nord ou au sud, il est encore plus rare qu'elle se produise à l'est de la mère patrie, et dans ce cas elle périt rapidement.

Cette direction n'est pas accidentelle; elle est due à l'action exercée par le soleil couchant. L'endroit où le soleil touche l'horizon marque sur celui-ci un point que tous les chefs de migrations ont dû utiliser pour régler la marche de leur troupeau humain. Ces chefs, devenus législateurs, ont perpétué le souvenir de cet usage en décrétant certains rites relatifs à l'orientation des sanctuaires.

Il se peut aussi que l'influence magnétique du soleil agisse d'une façon encore inconnue. Les expériences scientifiques nous révèlent de plus en plus l'importance de cette action.

C'est aussi l'opinion exprimée par Reichemback[1], dans ses études sur le magnétisme animal.

Les éléments, germes ou famille, qui sortirent de l'Inde, ou peut-être d'une contrée encore plus à l'est, sont arrivés jusqu'à nous par étapes successives dont les principales s'appellent : Babylone et Ninive, Thèbes et Memphis, Athènes et Lacédemone, Rome et Carthage. Puis, comme il semble que la nature se plaise à mettre toujours en présence deux centres rivaux, nous citerons pour l'époque actuelle Paris et Berlin.

Les livres sacrés de la Perse et de l'Inde, nous permettent de croire que ces pays étaient déjà dans un état florissant, quand Ninive et Babylone se fondèrent sur les bords du Tigre et de l'Euphrate. Vers la même époque Thèbes et Memphis atteignaient leur maximum de puissance.

Toute la force intellectuelle de l'humanité, toute sa vie politique et sociale était alors concentrée dans le grand duel égypto-assyrien.

La civilisation arrivée sur les bords de la Méditerranée, par les bouches du Nil et le littoral phénicien, se trouva pour la première fois en face d'une barrière en apparence infranchissable. Mais l'homme, déjà assez instruit pour construire des barques, ainsi que nous le montre les peintures égyptiennes, n'hésita pas à agrandir son modèle, il fit des vaisseaux et put les diriger grâce à

[1] Reichemback, *Lettres odiques*.

ses connaissances astronomiques. La civilisation franchit la mer et vint s'implanter sur les points méridionaux de l'Italie et de la Grèce.

En Grèce, grâce propablement à la douceur du climat, à l'admirable pondération de tous les éléments géographiques, montagnes, côtes profondément découpées, îles et bras de mer favorables aux échanges par une navigation sans péril, l'esprit humain se développa rapidement.

Sur cette terre favorisée des dieux, une rivalité mesquine entretenait la discorde entre Athènes et Sparte. Athènes séjours des beaux-arts et de l'intelligence, fut vaincue par Lacédémone où régnait déjà l'axiome célèbre « la force prime le droit. »

Parvenus à leur apogée, les grecs déclinèrent rapidement. Les illustres vainqueurs de Salamine usés par la guerre civile devinrent incapables de se gouverner. Il est triste, et ce doit être pour nous un grand enseignement, de voir à deux siècles de là, les descendants de Thémistocle et de Léonidas applaudir Flaminius, quand celui-ci leur annonce, aux jeux olympiques, que le sénat romain veut bien les laisser libres.

Hélas ! Philopœmen était mort et avec lui l'âme du dernier patriote s'était envolée. La bataille de Leucopétra, la destruction de Corinthe, puis celle d'Athènes firent bientôt voir à ce peuple dégénéré que la liberté n'est qu'un vain mot, quand elle n'est pas protégée par l'ordre civil, par le courage et par la discipline militaire de tous les citoyens.

A partir de cette époque la Grèce cesse de compter et le flambeau de la civilisation est emporté à Rome.

D'Athènes à Rome, c'est encore une marche vers l'ouest.

Le brillant climat de la Grèce fit prospérer rapidement les germes que les colons phéniciens y avaient apporté. Quelques siècles suffirent pour faire passer les grecs du plus haut degré de la gloire à la décadence complète. Ils vécurent vite.

Il n'en fut pas de même à Rome. C'est avec peine qu'elle se dégagea de son berceau, mais les efforts qu'elle fit pour conquérir sa place furent la cause de ses longs succès.

Constamment attaqués, les romains furent constamment sur la défensive.

Toujours sur le pied de guerre par nécessité d'abord, ils y restèrent ensuite par habitude, et le caractère national se trouva déterminé par les conditions même de son origine.

Rome devint conquérante, l'art de la guerre ayant été son unique souci, elle y acquit une habileté extraordinaire. Maîtresse de l'Italie, elle étendit son empire sur toutes les rives de la Méditerranée.

Au siècle d'Auguste, les philosophes romains ont pu croire qu'ils étaient le sommet même de l'univers, que rien n'irait au-delà d'eux et que la terre n'avait plus qu'à se reposer. Le temple de Janus fut fermé, la paix universelle régnait sur le monde.

Ce repos de la nature ne sera jamais qu'une illusion, qu'un mirage funeste, qu'une perpétuelle erreur de ceux qui, parvenus au sommet de la montagne, croient qu'il leur sera permis de s'y maintenir, pour éviter la roche tarpéïenne d'où les peuples comme les hommes tombent pêle-mêle dans le néant.

À cette splendeur du règne d'Auguste succède la décadence.

Un travail de désagrégation s'opère dans tout l'empire. Les jeux du cirque remplacent ceux du champ de Mars. Une catastrophe se préparait fatalement.

Des profondeurs, alors inconnus de la Germanie, sortaient tous les ans de véritables troupeaux humains, poussés par la nécessité ou l'instinct, ils descendaient vers l'empire. Dans les premiers temps l'armée romaine solidement organisée les anéantissait; mais peu à peu l'influence corruptrice de la métropole se fit sentir aux frontières; la discipline se relâcha. La défense du territoire fut confiée aux vaincus d'autrefois devenus les alliés par nécessité. Gaulois et romains combattirent côte à côte sans unité et sans conviction. Les barbares franchirent la digue, l'empire devint leur proie.

Quand ils parvinrent en Italie, le monde romain était arrivé à la décrépitude physique et morale qui précède la mort des nations. Quelques siècles eussent suffit pour tarir en lui toutes les sources de la vie, et comme un vieillard qui s'éteint sans postérité, la civilisation serait morte avec lui, sans aucun espoir de renaissance.

Loin donc d'avoir mis la civilisation en péril, comme on le pense généralement, l'invasion des barbares fut pour elle un bienfait.

Il lui fallait un sang nouveau, les hommes du nord le lui donnèrent; car dans ce grand mélange de peuples, chacun apportait les qualités qui lui étaient propres. Ceux-ci, la force brutale qui rajeunit les races par des croisements forcés; ceux-là, les sciences politiques qui, sous les apparences de la faiblesse, conduisent au succès par des routes plus longues, mais plus sûres.

Les débris de la société romaine possédaient ces sciences; ils les employèrent habilement, et quelques siècles après l'invasion, nous trouvons les barbares courbés sous le joug d'un gouvernement qui, sans soldats, sans aucun matériel de guerre, avait la puissance de détrôner les rois et de vendre les peuples. Rome, vaincue par l'épée, remplaça ses légions par la tiare d'un Saint Père.

La culture du fanatisme inné et égoïste, que possède toute race à l'état d'enfance, avait suffit pour produire cette transformation extraordinaire pour l'historien; mais très simple pour l'évolutioniste, car, plus on analyse les siècles qui se sont écoulés depuis Constantin jusqu'à la Renaissance, plus on acquiert la conviction que la physionomie caractéristique du moyen âge provient de l'ignorance et de la crédulité des masses barbares, exploitées par la science et le septicisme des descendants du monde romain. Ce monde, malgré ses défaites matérielles, formait encore une société compacte; ses membres restaient liés par la communauté de langage, par l'élévation de l'esprit, par l'intelligence politique, par l'instinct de la domination. Seul il était constitué et administré au milieu des hommes incultes qui croyaient l'avoir complètement anéanti.

Il était un réseau vivant dont les mailles enlacèrent les barbares et les domptèrent.

L'élite de la société romaine forma le clergé chrétien et avec lui s'éleva, dans la Rome des César, la nouvelle autorité dictatoriale seule capable de maîtriser l'ardeur des races conquérantes.

Le pouvoir des papes fut utile à l'humanité jusqu'à la renaissance; mais à partir de cette époque il devint un obstacle au progrès.

Alors commence entre la science et lui une lutte terrible sur laquelle nous ne pouvons nous étendre ici, mais dont l'issue n'est pas douteuse. Les enseignements de l'histoire nous permettent d'affirmer que la victoire restera à la science et au progrès.

V. Après les siècles de ténèbres et d'ignorance, que l'histoire désigne sous le nom de « siècles infertiles » et que nous considérons, au contraire, comme une période de laborieux enfantement, nous voyons poindre une lueur de renaissance en Espagne.

Pendant que la masse des nations européennes était encore dans un état bien voisin de la barbarie primitive, quelques esprits élevés inauguraient l'ère des grandes découvertes et du progrès social.

Un génois, Christophe Colomb, s'élance sur l'océan, alors sans borne, et fait faire à la civilisation une immense envolée vers l'ouest.

Avant de le suivre, jetons un coup d'œil d'adieu sur notre propre sol, qui prendra désormais le nom de « vieille Europe ».

Jusqu'ici, nous avons vu la civilisation se diriger invariablement vers l'ouest. Aucun obstacle n'était venu entraver sa route; mais, parvenu sur le rivage de l'océan, l'homme devait le franchir d'un seul bond ou périr sans profit.

Alors, chose étonnante, la civilisation semble s'être comportée comme un véritable rayon lumineux frappant un corps transparent; une partie a traversé l'obstacle et a continué sa route fortement modifiée; l'autre a rebondi en arrière. Il est curieux de noter, en passant, cette analogie, certainement fortuite, entre la lumière des yeux et celle de l'esprit.

Laissons de côté, pour un instant, le rayon qui a traversé l'Atlantique, et voyons la route suivie par celui que les physiciens nommeraient « rayon réfléchi ».

Arrêté par l'océan, il revient sur ses pas; mais, en remontant vers le nord, sa première étape après Madrid c'est Paris.

C'est à Paris qu'était réservé la gloire, bien éphémère et vaine, de reconstituer l'empire romain sous Napoléon Ier, après avoir eu l'honneur impérissable de proclamer la liberté et les droits de l'homme.

C'est donc en France qu'il faut placer le centre de la civilisation moderne.

La société dont chacun de nous doit être considéré comme représentant une molécule constituante, cette société nous apparaît dans son ensemble tellement différente de celles qui l'ont précédée, que nous croyons devoir analyser assez longuement les faits de tout ordre dont elle est la résultante directe.

Elle est actuellement la plus haute expression intellectuelle de la vie à la surface du globe; nous lui appartenons comme elle nous appartient. Cela suffit pour justifier le développement que nous donnons à ses origines, et que certains lecteurs ne manqueront pas de trouver hors de proportion avec la brièveté des pages qui précèdent.

Mais l'homme aime par dessus tout ce qui le touche directement, ce qui reflète son image, ce qui lui parle de ses ancètres. Il est égoïste, et nous n'avons pas échappé au péché.

VI. La société moderne étant une conséquence du moyen âge, ce sont les origines de cette curieuse et sombre époque que nous devons avant tout analyser.

Pour l'étudier nous ne pouvons pas suivre les divisions admises par les historiens, parce que si le partage de l'empire romain entre les fils de Théodose marque une époque de haute valeur pour les chronologistes, elle a eu en réalité peu d'importance sur l'humanité en général.

La reconnaissance officielle du christianisme, par Constantin, nous paraît tout indiquée pour former la ligne de démarcation entre la civilisation qui se meurt et celle dont une volonté impériale a dressé l'acte de naissance.

Nous la prendrons donc comme point initial de notre moyen âge.

D'un autre côté, comme la nature ne procède jamais par mouvements spontanés, et que toute existence exige une existence antérieure, l'ayant préparée, ce moyen âge doit lui-même être précédé d'une période d'enfantement.

Nous la trouvons dans le temps compris entre le règne d'Auguste et celui de Constantin.

C'est dans cet espace d'environ trois siècles que nous voyons apparaître les éléments constitutifs du moyen âge ; c'est-à-dire les barbares et le christianisme.

Ces deux puissants éléments de rénovation ne surgirent point tout à coup et ne vinrent point à l'improviste fondre sur la société romaine pour l'anéantir.

Leur action fut au contraire à peine sensible au début, mais persistante et toujours croissante.

Les premières invasions barbares remontent presque à la fondation de Rome ; mais à cette époque l'individualité romaine était dans sa période de croissance vitale :

malgré quelques défaillances passagères la victoire lui restait dans toutes les actions décisives. Non seulement les envahisseurs ne parvenaient pas à s'implanter sur un sol déjà occupé par une race exubérante; mais encore ils y étaient infailliblement anéantis.

Pendant l'admirable règne d'Auguste, la civilisation lentement élaborée se reposait de ses efforts. Semblable à ces plantes qui consacrent, dit-on, un siècle pour produire une fleur et meurent ensuite, Rome s'épanouissait triomphante au sein de la péninsule qui l'avait vue naître et quelle avait conquise.

Mais cette félicité dura peu.

Le siècle d'Auguste, que nous prenons comme marquant la conception génésique du moyen âge, est celui de la naissance du grand rénovateur qui, avec les barbares, devait changer la face du monde.

Nous allons donc exposer cette genèse dans ses deux éléments : 1° les barbares qui en représentent la puissance matérielle; 2° le Christ qui en est l'élément fécondant, intellectuel et social.

Commençons par les barbares.

L'histoire nous enseigne que les peuples qui habitaient alors le nord de la Gaule et principalement les forêts de la Germanie et la vallée du Danube étaient de race robuste, mais absolument inculte au point de vue intellectuel.

Tout le monde connaît, au moins dans ses grandes lignes, ce que l'on appelle l'invasion des barbares; il est donc inutile d'en parler ici. Le moindre traité d'histoire romaine, renseignera plus complètement le lecteur que nous ne pourrions le faire nous-même; car, ce qu'il nous importe de constater ce ne sont pas les dates des invasions, les péripéties d'une campagne militaire, les noms des conquérants, mais au contraire l'état physique et moral des éléments en présence.

Ce qui nous frappe d'abord, c'est l'état sénile de la société romaine au moment où elle va avoir à supporter les coups redoublés des barbares au nord, et les atteintes non moins terribles des doctrines religieuses qui l'envahissent par le sud.

Au commencement de cette période, la civilisation romaine usait les derniers feux de l'âge viril, et les symptômes de la vieillesse étaient proches.

Dans ce vaste empire le mécanisme gouvernemental donnait des signes d'usure. Le pouvoir central ne transmettait plus ses ordres avec cette régularité qui assure la force, nous allions dire la santé d'une nation.

L'empire était au plus offrant, et dans la longue liste des Césars, bien peu méritent d'occuper une place honorable dans l'histoire.

Ces hommes exceptionnels, dignes des meilleurs temps de la République, retardèrent la chute de l'Empire; mais comme la vieillesse des nations est la conséquence d'une loi naturelle et non un accident, ils ne purent empêcher la mort finale qui était inévitable.

Pendant que l'Empire se désagrégeait lui-même, les

barbares grandissaient d'autant plus rapidement qu'ils profitaient tout à la fois de leur propre croissance et de la décrépitude de leur ennemi commun.

Il arriva un jour où ils pénétrèrent jusqu'à Rome, non plus en ennemis, mais en alliés.

A partir de ce moment nous pouvons affirmer que la puissance romaine est éteinte, car un peuple qui introduit dans sa capitale un autre peuple pour quelque motif que ce soit, est une nation livrée à l'étranger, un peuple fini, un cadavre, ne l'oublions pas.

Orose et Sozomène nous ont laissé un tableau fort sombre de cette agonie d'une civilisation naguère si brillante.

« Les armées, disent-ils, disposent à leur gré du pouvoir suprême. Les chefs de troupe s'emparent tour à tour de la puissance, et l'infâme Cyriade, Perse de nation, fut le premier de ces trente tyrans qui commandèrent au monde dans l'intervalle de quelques années.

» Pendant leur exécrable règne tous les maux fondirent à la fois sur l'Empire.

» La Bretagne fut subjuguée par les Calédoniens et les Saxons. La Gaule par les Francs, les Allemands et les Bourguignons. L'Italie par les Allemands, les Suèves, les Marcomans et les Guades.

» La Macédonie, la Thrace et la Médie par les Goths, les Hérules et les Sarmathes.

» Les Perses vinrent faire des courses jusque sur les côtes de la Syrie.

» Enfin la guerre civile, la famine, les pestes ruinaient les villes et anéantissaient les populations qui avaient échappé au fer des barbares.

» Les cités furent ébranlées par des tremblements de terre qui durèrent plusieurs jours. La mer sortit de son lit et inonda des provinces entières.

» Dans la Nubie, dans l'Archaïe et à Rome, la terre s'ouvrit et engloutit des champs et des maisons.

» Des pestes éclataient et faisaient mourir des milliers d'hommes chaque jour. »

Ce tableau sinistre ne doit pas être pris à la lettre, quoique tracé par des contemporains. Il est certainement exagéré, car Orose et Sozomène sont des auteurs chrétiens et plaident la cause de l'Église. Ce qui le prouve, c'est qu'ils font suivre ce tableau de la conclusion suivante :

« Et c'est ainsi que Dieu commençait à faire éclater sa vengeance contre les persécuteurs de l'Église qui grandissait fécondée par le sang de ses glorieux martyrs. »

Nous pouvons donc croire que les phénomènes physiques terribles dont il est parlé ne sont ajoutés là que pour les besoins de la cause, et préparer l'entrée en scène du surnaturel en faveur de l'Église naissante et persécutée.

Nous les laisserons de côté et nous ne retiendrons que ce que l'histoire a positivement contrôlé, c'est-à-dire la vente à l'encan de la pourpre impériale, signe indéniable de la corruption morale du peuple, et l'irruption partout victorieuse des barbares, signe non moins certain de son impuissance physique.

Mais cette introduction violente de l'élément barbare ne se fit pas en une seule poussée. Il y eut lutte entre les envahisseurs et les populations envahies. S'il nous était permis d'employer un terme technique, qui traduirait exactement notre pensée, nous dirions qu'il y eut un brassage énergique, épouvantablement meurtrier de tous ces éléments humains, si étrangers les uns aux autres.

Il semble qu'à cette époque le grand Ouvrier des mondes pétrissait de ses mains puissantes les matériaux d'une genèse nouvelle, et qu'il leur jetait à pleine poignée le levain qui devait les féconder.

A quel étrange spectacle nous fait assister cette agonie de l'empire romain que convulsionne la férocité bestiale des barbares et l'héroïsme des martyrs.

L'esprit reste confondu devant ces formidables tempêtes humaines et les compare involontairement aux spasmes géologiques qui précédèrent la naissance de la vie sur notre planète. Seulement aux chocs inconscients des minéraux et des roches, a succédé le conflit d'organismes capables de sentir et de vouloir, et, par cela même, de souffrir et d'espérer.

Aussi, les malheureuses populations de cette époque de transition, abreuvées d'outrages de toutes sortes, prirent la vie en dégoût, le monde en horreur, et ne trouvant plus sur la terre cette paix nécessaire à leur existence, elles se forgèrent un idéal supérieur aux vicissitudes humaines. Elles aspirèrent de toute la force de leur âme au séjour des bienheureux. Pour l'atteindre au moins par la pensée, elles s'éloignèrent d'une civilisation qui leur était odieuse en s'enfonçant dans les solitudes des déserts. Les Thébaïdes se peuplèrent d'hommes matériellement désespérés, mais mystiques et rêveurs. Cet état des esprits favorisa beaucoup l'expansion de la doctrine dont nous allons dire quelques mots, parce qu'elle constitue le second facteur génésique de notre société moderne.

VII. Ce germe spirituel c'est le mouvement religieux qui, formé en Judée par Jésus de Nazareth[1], vint s'implanter au centre du monde alors connu.

Le Christ venait d'expier sur la croix le crime d'avoir enseigné aux hommes une morale pure, et de l'avoir mise en pratique en chassant les vendeurs du Temple. Il importe de bien remarquer que ce sont les prêtres juifs, tout-puissants, qui le condamnèrent et non l'autorité romaine qui n'avait rien à craindre d'un homme enseignant publiquement la soumission par ces paroles : « Il faut rendre à César ce qui appartient à César. »

La nouvelle doctrine ne fut pas inquiétée par l'empire romain. Quelques disciples se fixèrent obscurément à Rome, et le martyre de Saint-Pierre n'est qu'une fiction.

La naissance de la secte des chrétiens n'ayant pas fait plus de bruit que celle des autres sectes, nous ne voyons

[1] Il commença sa prédication sous le règne de Tibère. Il était né dans le bourg de Bethléem cinq ans avant l'ère chrétienne.

pas pourquoi les romains, qui tolérèrent toutes les religions, auraient changé de mesure pour celle qui, au début, fut précisément la moins brillante.

Il est vrai que Néron accusa les chrétiens de fomenter des troubles dans Rome et d'avoir incendié la ville.

L'histoire a fait justice de cette fourberie du tyran; mais s'il est certain que les chrétiens sont innocents de ce crime, il n'est pas prouvé qu'ils n'aient déjà commis quelques tentatives plus ou moins coupables contre les lois publiques; et ce qui nous confirme dans cette manière de voir, c'est que leur doctrine très pure devait se trouver dans maintes occasions en opposition avec les pratiques libres et parfois obscènes du culte officiel.

D'ailleurs, à toutes les époques, les théories nouvelles n'ont-elles pas été suspectes aux puissants du jour?

Notre intention n'est pas de faire un abrégé de l'histoire des premiers temps du christianisme, nous nous proposons simplement d'analyser les conditions politiques et sociales qui ont permis à une secte de prospérer étonnamment. Nous verrons pourquoi une seule graine, parmi tant de graines, a pu atteindre son entier développement.

La nouvelle doctrine[1] arrivait à un moment où les

[1] Le christianisme n'est pas apparu d'un seul coup sur la terre comme on l'enseigne généralement. Il se rattache aux mithes Chaldéens qui lui ont fourni tous les éléments de sa cosmogénie... La création du monde en sept jours. — La légende d'Adam et Eve est même beaucoup plus poétique dans l'original indien que dans la copie chrétienne. Elle est même tout à fait charmante cette légende indoue, et mériterait d'être plus connue. — L'eau lustrale. — Les sacrifices sur

croyances religieuses avaient besoin d'être renouvelées[1] : elles étaient trop vieilles.

Jupiter se mourait écrasé sous le poids de l'Olympe en ruine. Les dieux ne parlaient plus et les augures ne pouvaient se regarder sans rire. La croyance était nulle parmi le peuple qui allait aux temples par habitude et non par conviction.

Les penseurs avaient chacun leur système sur l'origine et la formation du monde. L'idée d'une puissance créatrice s'affaiblissait peu à peu ; par contre, la matière et ses manifestations prenaient une importance de plus en plus considérable. En somme, on discutait beaucoup dans les académies, mais on agissait peu. Nul ne songeait à

les autels. — Le feu qui brûle devant l'image de la Divinité : L'*ignis dei* dont les chrétiens ont fait l'*Agnus dei.* — Les fêtes de Pâques et de Noel, etc., etc.

On peut remonter ainsi du christianisme moderne jusqu'aux religions astronomiques des Chaldéens primitifs. R. C. « La ville des lettres et des archives, dont Caleb s'empara (*Bible*, livre de Josué, ch. v), » me fait croire que la cosmogénie et les livres qu'on attribue à Moïse (être bien chimérique selon bien des savants) sont des ouvrages trouvés chez les infortunés Cananéens, qu'on ajouta à l'histoire fabuleuse du conquérant. (Anacharchis Clootz, *Preuves du Mahométisme*, p. 83, note 52).

[1] Le moins sémite des sémites a été le fondateur du christianisme tel que la légende l'a fait... et ce n'est pas sans raison qu'il a été renié et crucifié par son peuple.

Il a joué dans l'histoire un rôle qu'il ne pouvait prévoir et que des circonstances bien indépendantes de lui-même devaient engendrer, en portant sur son nom les aspirations qui se faisaient jour dans le monde lorsqu'il parut. (G. Lebon, *Civilisation juive*, p. 618).

faire prévaloir ses idées au-delà d'un cercle d'amis ou de simples auditeurs.

Nous nous figurons volontiers qu'à cette époque, la partie intelligente de la population romaine se plaisait à former des réunions assez semblables à nos Sociétés savantes modernes. Chacun produisait ses idées et les soumettait à la libre discussion, sans prétendre les imposer à personne.

Ces philosophes manquaient donc volontairement de deux choses essentielles pour faire triompher une idée et la maintenir victorieuse ensuite : ces deux choses, c'est l'ardeur de la propagande d'abord, et ensuite la science administrative.

La race sémite et, parmi les sémites, les juifs ont toujours possédé ces deux qualités au suprême degré.

Ne voyons-nous pas, dès l'antiquité, les habitants des pays désignés sous les noms de Palestine, pays de Chanaan, Phénicie, manifester un irrésistible besoin de propagande et d'expansion.

Les Phéniciens[1], dont l'origine est la même que celle des Beni-Israëls ou Hébreux, ou Juifs, ont conduit leurs vaisseaux sur toutes les mers du monde alors connu. Ils ont été les entremetteurs de tous les peuples et ont porté inconsciemment, sur les rives européennes, les germes

1 Autant qu'on a pu reconstituer le type phénicien d'après les statues, on l'a trouvé très rapproché de la physionomie israélite. Chamites ou sémites, les Phéniciens sont donc frères des Juifs. (G. Lebon, *Civilisation juive*, p. 779).

issus de la civilisation alors resplendissante de l'Egypte et de l'Assyrie.

Ils ont fécondé l'Europe comme certains insectes fécondent les fleurs, sans le vouloir, sans le savoir, et nous ne leur devons aucun tribut de reconnaissance parce qu'ils ont agi pour leur propre intérêt et non pour celui de l'humanité.

Ils propagèrent les objets dus au génie de la civilisation, parce qu'ils en étaient les fabricants ou les revendeurs à gros bénéfices.

Mais la propagande ne peut être profitable aux centres propagateurs que si ces derniers restent en rapport direct avec leurs succursales. Delà la nécessité d'établir un système de communications entre tous les points du réseau, et de les placer sous l'autorité d'une direction centrale.

Il n'est donc pas étonnant que les peuples propagateurs aient été de parfaits administrateurs.

Ils excellent à mettre en pratique l'exploitation du plus grand nombre possible d'individus au profit de quelques privilégiés.

Sidon, Tyr, Carthage dans l'antiquité, Venise, au moyen âge et Londres actuellement, ne vécurent et ne vivent encore que par ce procédé très humain, mais peu digne de l'humanité.

Si l'esprit fanatique et aventureux des compagnons de Jésus fut l'origine de la propagation de la doctrine du Maître, une autre cause vint accélérer, ou plus exactement fortifier, le mouvement en lui donnant la cohésion qui lui manquait.

Ce furent les persécutions.

Généralement plus une doctrine est attaquée, plus elle se développe par l'effort qui lui est nécessaire d'exercer sur elle-même et autour d'elle pour sa défense; et aussi par suite de cette disposition particulière de l'esprit qui nous porte à aimer ce qui est défendu.

Le silence est un poison mortel pour la pensée.

Avant Néron, les chrétiens n'étaient qu'une secte comme il y en avait tant à Rome et surtout à Alexandrie, rien de plus qu'une assemblée de philosophes, dont les idées devaient paraître bien sottes aux élégants qui composaient le *tout Rome* de l'époque, et terriblement révolutionnaires aux graves magistrats de la ville éternelle. Le fond de la doctrine étant le partage des biens, l'égalité du maître et de l'esclave, elle trouva des adeptes surtout dans le bas peuple.

Nous pouvons nous faire une idée de ce qu'on pensait des chrétiens à l'époque de Néron, en songeant au sentiment peu sympathique qu'éprouvent nos classes dirigeantes pour les socialistes modernes.

Au fond, la doctrine était réellement subversive de l'ordre établi[1], et il n'y a rien de surprenant que les

[1] On (le christianisme) l'y verrait se développer lentement et soutenir une guerre permanente contre l'empire, lequel arrivé à ce moment au plus haut degré de la perfection administrative, et gouverné par des philosophes (sous les Antonius), combat dans la secte

détenteurs du pouvoir l'aient frappée d'interdiction aussitôt qu'elle a voulu se manifester par des actes.

Même de nos jours, si Jésus en personne recommençait en France ce qu'il a fait en Judée, sa prédication ardente et sa violation d'un lieu consacré au culte public le mèneraient à coup sûr en cour d'assises ou aux aliénés..., et cependant il y a encore des vendeurs plein le temple.

La première persécution loin de faire disparaître la secte lui donna plus de force. Comme ces rassemblements qui, toujours dispersés par la police, se reforment sans cesse plus nombreux, les chrétiens se cachèrent pour un temps puis reparurent. Poursuivis plus rudement, ils s'exilèrent en tous lieux pour échapper aux supplices.

Ainsi se formèrent, par la persécution même, des liens d'amitié entre chrétiens de villes différentes, et quand le calme revint, ces liens furent les premiers linéaments qui relièrent les centres primitifs de propagande apostolique. En même temps ils préparèrent la suprématie de l'évêque de Rome sur ses collègues.

Les conséquences politiques furent que l'Empire romain, au lieu de trouver devant lui des utopistes isolés les uns des autres, se vit en face d'une conspiration qui l'absorba.

Là encore, l'histoire nous donne un enseignement.

Elle nous montre qu'il est rarement avantageux d'employer la force brutale pour étouffer une idée. Il est bon

naissante une société secrète et théocratique qui le nie obstinément et le mine sans cesse. (Renan. *Vie de Jésus.* — Introduction).

de se souvenir que « les mathématiques ont pour juges les mathématiciens » et non les gendarmes.

Il vaut toujours mieux étudier une doctrine en écoutant ceux qui la propagent que la proscrire sans examen.

Les évêques d'Antioche, d'Ephèse, d'Alexandrie, de Rome entretenaient de continuelles relations ; mais l'évêque de Rome cherchait à s'attribuer la suprématie en jugeant toutes les querelles. Cependant son autorité était loin d'être admise, et le chef spirituel que nous désignons sous le nom de Pape, n'existait pas encore.

Les évêques d'Alexandrie lui résistent victorieusement. De nombreuses sectes se forment, et les chrétiens persécutés, se persécutent aussi entre eux. Les Montanistes, les Gnostiques, les Ariens, les Novatiens, professent les plus étranges doctrines.

On devine qu'un élément impur s'est infiltré parmi les chrétiens. Cet élément de corruption, ce sont les représentants des anciens cultes qui, se voyant abandonnés par les foules, se convertissent en masse et embrassent le christianisme pour l'exploiter à leur profit.

Cette fois, c'est la haute et savante aristocratie romaine qui apporte au nouveau culte son scepticisme inné, son expérience des hommes, sa science administrative et sa profonde corruption.

Aussitôt, la doctrine de Jésus perd sa pureté galiléenne. La belle pensée du Maître, si sublime dans son idéalisme, se flétrit au contact des disciples de la dixième génération.

Des intérêts humains se discutent dans les diocèses et dirigent les fidèles et les pasteurs.

Cette tendance au positivisme utilitaire s'accentue de plus en plus. Les évêques deviennent des chefs temporels, on se dispute à main armée la crosse épiscopale. L'évêque de Rome se décerne à lui-même le titre de souverain pontif et l'impose à tous.

L'ère héroïque des martyrs est passée, celle du pouvoir temporel commence.

Désormais, maîtres absolus de l'antique cité de Romulus [1], les chrétiens y établissent une autorité théocratique devant laquelle les barbares viendront bientôt demander grâce, pieds nus et les mains chargés d'or.

VIII. L'agonie du monde romain est terminée. Tous les éléments de la civilisation moderne sont en place et vont recommencer l'œuvre incessante de la nature.

[1] Les chrétiens victorieux persécutent immédiatement les autres religions. L'Eglise, hiérarchiquement constituée, se montre dès lors telle qu'elle sera dans la suite, intolérante et rapace. L'empereur Théodose (378 après J.-C.) interdit, sous des peines sévères, le culte de Jupiter et ôte aux hérétiques le droit de faire un testament. Leurs biens revenaient de droit au clergé. Ensuite, la secte pieusement imbécile des Iconoclastes (briseurs d'images, vers le VIIIe siècle) détruit les statues et les œuvres d'art sous prétexte qu'elles servent de domicile aux démons. — Les anciens dieux de la Rome vraiment romaine, chassés des villes, se réfugièrent dans les campagnes. Leur culte prit le nom de « paganisme » du mot latin « pagus » qui signifie bourg ou village. Certaines pratiques du culte payen subsistent encore sous la forme de superstitions.

Après la mort, la vie.

Mais cette vie nouvelle ne va pas surgir tout à coup, dans la plénitude de sa force. Il faut d'abord qu'elle assure son existence matérielle. La satisfaction de ses besoins immédiats absorbera pendant plusieurs siècles toutes ses facultés, et ne lui laissera aucun loisir pour cultiver sa raison.

Aussi, peu à peu l'ombre de l'ignorance s'étend sur l'Italie et l'Europe entière. Les arts périssent et la science s'éteint. Pendant les premiers temps du moyen âge, rien, absolument rien d'intellectuel ne peut trouver place au soleil d'Europe. Charlemagne lui-même est impuissant et les ténèbres, un instant dissipées, reparaissent après lui.

Pendant que l'Europe était plongée dans la barbarie profonde, conséquence des guerres de l'invasion et du renouvellement des populations, la côte africaine servait d'asile aux sciences et aux arts qui ne trouvaient plus en Italie la sécurité nécessaire à leur existence.

Ce n'est donc pas sur le littoral européen de la Méditerranée qu'il nous faut chercher la route du progrès; c'est en Afrique. C'est l'école d'Alexandrie qui détiendra pour un instant la clef des sciences; et un peuple semble avoir surgit tout à coup, comme pour servir d'intermédiaire entre le passé romain et l'avenir qui est devenu notre Renaissance.

Ce peuple, ce sont les Arabes.

Disséminés sur une grande étendue de territoire, sans

lien et sans unité politique; ils formèrent pour ainsi dire spontanément, sous Mahomet, une nation forte, conquérante et douée d'un grand esprit d'assimilation.

C'est à eux qu'on doit vraiment la conservation des sciences et des arts jusqu'aux croisades.

Ils fondèrent en Espagne, un royaume dont la renommée n'est pas encore éteinte. Les Maures de Grenade nous ont laissé des œuvres qui nous permettent d'apprécier le rôle qu'ils ont joué dans l'histoire.

Ce rôle est totalement différent de celui des Assyriens, Egyptiens, Grecs et Romains.

Ils forment quelque chose de particulier, d'en dehors. La nature semble les avoir fait naître uniquement pour servir de trait-d'union, car ils disparurent aussi vite qu'ils étaient venus.

Ce rôle d'intermédiaire protecteur surgissant tout à coup entre une civilisation qui disparaît, et une autre qui n'est pas assez raisonnable pour se suffire à elle-même, n'est pas unique dans l'histoire. Nous en trouvons un exemple presque analogue dans l'apparition brillante des Perses, au moment précis où la civilisation égypto-assyrienne est en pleine décadence, et où celle des greco-romains n'est pas encore définitivement constituée.

L'empire des Perses dure à peine deux siècles; il s'étend sur tout le monde civilisé. Il lui emprunte son industrie et ses sciences. Il tente d'envahir l'Europe, mais il est arrêté par Léonidas et Thémistocle. Néanmoins les colonies grecques de l'Asie-Mineure reçoivent de lui une impulsion qu'elles transmettront plus tard à Athènes et à Rome. Puis il disparaît.

Les Arabes font de même.

Ils soumettent l'Afrique à leur domination, puis franchissant le détroit de Gilbraltar envahissent l'Ibérie, mais sont arrêtés en France par Charles-Martel. Ils se replient en Espagne et y font renaître les sciences, les arts et la philosophie naturelle.

Les Arabes furent les continuateurs de l'école d'Alexandrie. Ce qui le prouve, sans discussion possible, c'est que pendant que l'Europe est incapable de nous fournir quelques noms d'hommes tant soit peu savants, la côte africaine nous en donne un grand nombre.

En voici quelques-uns, depuis l'origine du christianisme jusqu'à l'expulsion des Maures d'Espagne. (Voir la liste à la fin du volume).

Cette nomenclature sommaire nous montre une lacune d'environ deux siècles, entre les derniers savants que nous pouvons qualifier de romains et ceux qui ont une origine véritablement arabe.

Elle correspond à la période de lutte et d'invasion. Comme toujours, ces invasions indispensables ont pour premier effet d'arrêter net la marche du progrès.

On dirait que l'humanité, comme les individus, a besoin de changer de temps en temps la direction de son activité. Au travail intellectuel qui a épuisé les éléments cérébraux, en fournissant le progrès scientifique, succède le travail matériel corporel, dont la plus forte expression est la guerre. On peut croire que la guerre prépare la paix et que la paix à son tour perfectionne l'art de la guerre.

La fin de cette liste nous montre qu'à partir du douzième siècle la civilisation à une tendance à revenir en Europe. C'est la conséquence des croisades.

Nous avons déjà dit que nous ne faisions point un précis d'histoire. Nous ne nous occupons jamais des guerres purement dynastiques, c'est-à-dire ayant uniquement pour but de procurer le pouvoir à telle ou telle famille féodale, par le moyen de massacres, qualifiés du nom de batailles.

Ces récits, qui forment le fond de l'histoire officielle des nations, nous semblent profondément indignes du souvenir de l'humanité et ne peuvent pas servir à tracer le chemin qu'elle a parcouru et celui qu'elle parcourrera.

Il n'en est pas de même des grandes luttes de peuples à peuples, combattant pour leur propre existence ou même pour le triomphe d'une idée bonne ou mauvaise. Nous citerons comme exemples : Rome se trouvant dans l'obligation de détruire Carthage ou d'être détruite par elle. La Grèce défendant sa vie avec succès contre Xerxès, puis succombant sous les coups des Romains. Les Romains à leur tour luttant contre les barbares.

Enfin, comme exemple de guerre uniquement entreprise pour le triomphe d'une cause dont nous n'avons pas à apprécier la nature, toutes les croisades du moyen âge.

Voilà ce qui constitue les grands tressaillements de l'humanité, voilà ce qui est digne de figurer dans ses annales, parce que vainqueurs et vaincus ont lutté pour leur vie ou pour leur foi ; mais, quand des nations se massacrent avec rage pour détrôner Macaire et couronner Bazile, alors l'histoire devrait se voiler la face, pour ne pas être obligée de témoigner de la bêtise humaine et de son servile abrutissement.

Les croisades amenèrent en Europe quelques germes intellectuels qui furent d'ailleurs chèrement payés; mais ces guerres désastreuses ne produisirent jamais ce mélange intime, ce croisement complet qui modifie profondément les races parce que les chrétiens au nord et les mahométants au sud, étaient séparés par un obstacle considérable : la mer Méditerranée.

Les deux ailes de ce vaste champ de bataille étaient seules assez rapprochées pour pouvoir se pénétrer.

D'un côté, à l'est, l'ancienne Thrace, la Macédoine et l'Asie-Mineure formaient un tout très cohérent. De l'autre côté, à l'ouest, le royaume musulman des Maures de Grenade et le royaume chrétien de Ferdinand le catholique et d'Isabelle étaient limitrophes.

D'après les enseignements de l'histoire générale, le résultat de ces grandes luttes ne pouvait être douteux. A l'est, affaibli, usé par les civilisations précédentes, le combat resta indécis, variable, sans caractère. Au centre la mer opposait un obstacle à tout envahissement. A l'ouest, seul, se trouvaient réunies toutes les conditions climatologiques et géographiques propres à assurer la renaissance de la civilisation.

Géographiquement, la contrée était à l'ouest de celle précédemment civilisée (Rome). Le royaume chrétien, étant plus au nord et plus jeune que son adversaire, devait être victorieux.

Il le fut en effet.

Les Maures, épuisés par la vaine querelle des Abancerrages et des Zégris (1480-1492), furent expulsés par Ferdinand et Isabelle qui jetèrent ainsi les premières fondations de la puissance espagnole.

La civilisation renaissait à Madrid, quelle fut-elle ?

Pour préparer la réponse à cette question, il nous aurait fallu exposer en détail l'histoire des dix premiers siècles de notre ère ; ce qui nous aurait entraîné trop loin ; mais ce que nous avons dit de l'origine même du moyen âge, nous permet de prévoir ce qu'elle sera.

Nous avons vu que le christianisme et les barbares avaient imprimé une direction nouvelle au genre humain, et que cette direction était celle du fanatisme et de la force brutale non livrés à leur propre instinct; mais conduits par les descendants de l'ancienne société romaine, sceptique par dessus tout, administrative et sournoisement policière, très apte enfin à tirer profit des qualités bonnes ou mauvaises de tout ce qui l'entourait.

Le premier centre intellectuel qui se forma devait naturellement être l'expression de cette triple alliance abstraite et cependant réelle.

L'Espagne, sous Philippe II et Charles-Quint, est théocratique, féroce et perfide.

A ce moment, tout être qui tente d'exprimer une pensée est immédiatement écrasé. L'hérésie entraîne la peine de mort et nul ne peut savoir s'il est croyant ou hérétique. L'Espagne ruisselle de sang. L'inquisition, l'ignoble inquisition fonctionne sans relâche. Au nom du dieu de paix et d'amour, elle invente des supplices d'une cruauté savante et tellement raffinée que leur seul récit nous épouvante encore [1].

[1] L'inquisition était si puissante qu'elle osait frapper les personnages de la cour de Charles-Quint; ce monarque se courbait devant elle. Le clergé lui aussi tremblait devant son épouvantable associée.

Le docteur Illescas, dans son histoire pontificale, après avoir parlé du docteur Caçalla, prédicateur, et de Constantin de la Fuente, confesseur de l'empereur Charles-Quint (qui, ayant été saisis par les inquisiteurs, moururent l'un et l'autre pour la foi; Constantin en prison et Caçalla, homme *très pieux* et très savant, brûlé à Valladolid *avec sa mère, cinq de ses frères* et *quelques-unes de ses sœurs*), ajoute ces paroles : « Il y eut entre ceux qui furent brûlés quelques religieuses jeunes et belles qui, non contentes d'être luthériennes avaient dogmatisé cette maudite doctrine... Tous les prisonniers (également brûlés) de Valladolid, de Séville et de Tolède, étaient des personnes *très distinguées*... Elles étaient *telles et en si grand nombre* que, si on avait différé de deux ou trois mois à remédier à ce dommage toute l'Espagne aurait été perdue ».

Et le bon docteur Illescas trouve ces atrocités excellentes.

Mais cette époque est encore tellement voisine de la barbarie que nous ne devons pas être trop sévères pour elle. On n'y connaissait que la violence; les parents rouaient de coups leurs enfants; les maîtres, leurs élèves : les patrons battaient les valets. Les seigneurs étaient de

Malgré tout, cette pensée se relèvera dans les siècles suivants. Elle y triomphera de la persécution, comme jadis les martyrs triomphèrent des empereurs romains. Elle y triomphera toujours parce qu'elle est éternelle comme l'univers. Si l'individu qui lui sert de soutien et de demeure momentanée est soumis à toutes les vicissitudes de la matière; s'il peut être enchaîné, torturé, anéanti, la divine pensée qui l'anime est insaisissable. Elle sort intact de ce cadavre qui lui est désormais inutile, et s'incarne dans une nouvelle vie pour recommencer la sainte lutte du droit et de la justice contre l'abus de la force.

Etrange organisation de l'esprit humain, ce même fanatisme qui réduit la masse du peuple à l'état d'idiotisme servile, taillable et brûlable à merci, va être la cause de la plus grande des découvertes géographiques.

redoutables carnassiers que le clergé ne pouvait mâter qu'en étant plus féroce qu'eux.

La compassion pour ceux qui souffrent n'existait pas. Les autodafés et les supplices étaient de véritables fêtes, car on aimait à faire souffrir et à voir souffrir.

Remarquons, en passant, que les peuples sauvages et demi-sauvages sont encore dans cet état. Au Dahomay, par exemple, il n'y a pas de réjouissances publiques sans quelque massacre d'esclaves et de prisonniers. Le *clou* des fêtes populaires est toujours une tuerie agrémentée de supplices.

L'humanité suit partout le même développement, la même marche ascendante; seulement la croissance est plus ou moins rapide et les phases ne se produisent pas en même temps sur tous les points du globe.

R. C.

Le Génois, Christophe Colomb, animé d'une sainte ardeur, s'embarque à Palos et maintient obstinément les proues de ses vaisseaux tournées vers l'ouest, vers ce soleil couchant si mystérieusement attractif [1].

Ce qu'il cherche ce n'est pas un débouché mercantile comme on dirait de nos jours, ce n'est pas la gloire, encore moins la fortune. Il part pour découvrir le paradis terrestre vainement cherché en Orient, et quand il touche du pied cette terre entrevue dans une extase, il se croit à l'embouchure d'un des quatres fleuves de l'Eden de nos aïeux.

Il nous semble inutile de nous appesantir sur cette triste civilisation espagnole toute imprégnée de barbarie. Le règne de Charles-Quint est trop connu pour qu'il soit nécessaire d'insister.

Après Madrid, dont l'éclat s'efface vite, nous voyons Paris prendre une extension rapide. Sous le Roi-Soleil il commence à briller. Peu après, il éblouit l'Europe entière et devient la capitale du génie humain.

Paris aujourd'hui, flambeau des arts et des sciences,

[1] Les compagnons de *La Pérouse*, après leur naufrage, construisirent une grande chaloupe avec les débris de leurs navires.

« Quand ils eurent fini, ils mirent à la voile dans ce précieux esquif et cinglèrent vers l'ouest *dans la direction du soleil couchant;* mais jamais depuis on en eut de nouvelles ».

A propos de l'ancienne et très mystérieuse épave de Temple-Island (Australie, latitude S, 21°, 35' et longitude E. 149°, 31'). *Cosmos*, n° 366. — Epilogue du drame de *La Pérouse*.

notre Paris enfin, occupera-t-il toujours cette place prépondérante?

Non, pas plus que Babylone, que Thèbes aux cent portes, que Memphis la grande, il n'échappera à la loi inexorable de la nature. Le sable a recouvert Babylone, Thèbes et Memphis, il recouvrira Paris. C'est inévitable, fatal et cela sera.

IX. A l'heure actuelle, l'Europe est encore divisée en groupes plus ou moins puissants qui permettent de la représenter par un certain nombre de centres dont les principaux sont : Madrid, Paris, Londres, Berlin, Saint-Pétersbourg, Rome, Vienne et Constantinople.

Nous évitons de parler des frontières de chacun des Etats, dont ces villes sont les capitales, afin de ne pas soulever de question politique.

Pouvons-nous dès maintenant savoir qu'elle est la nation qui recueillera notre héritage ?

Ce problème intéressant ne nous paraît pas insoluble, si nous mettons à profit les enseignements de l'histoire comparative des civilisations passées.

Nous en avons tiré certains principes dont voici l'énoncé :

1° La civilisation est une œuvre qui n'appartient en propre à aucune nation. Toutes y ont travaillé chacune à son tour;

2° Il n'y a pas eu plusièurs civilisations, mais une seule qui a commencé à l'origine même de l'homme et se continue perpétuellement;

3° La civilisation s'est particulièrement développée à certaines époques et concentrée dans la capitale d'une nation ou unité politique qui lui a donné momentanément son nom. Exemple : civilisation assyrienne; civilisation égyptienne, grecque, romaine, hispano-mauresque, française, etc.;

4° A côté de cette civilisation dominante et constamment progressive, d'autres se sont formées, mais elles se sont éteintes sans postérité ou bien elles sont restées indéfiniment stationnaires. Elles sont comparables aux formes organiques disparues sans laisser de descendants ou bien aux animaux inférieurs. Exemple : civilisations mexicaines et chinoises;

5° En tenant compte du lieu géographique et de l'ordre chronologique de chacune d'elles, on trouve que le sommet au point culminant de la civilisation s'est déplacé de l'est à l'ouest;

6° L'étude comparative de chacun des peuples qui ont participé en leur temps et lieu à la civilisation, nous montre qu'une nation doit être considérée comme une collectivité d'individus formant une unité composée;

7° La durée de la vie d'un peuple est limitée, et la longueur de sa période virile ne dépasse pas en moyenne cinq siècles; jamais dix. Avant de l'atteindre, il grandit et s'organise; après, il dépérit et disparaît. La durée de la période sénile est fort variable. Exemple : la vieillesse de l'Assyrie fut courte, celle de l'Egypte dure encore;

8° Lorsque deux peuples de même âge sont en lutte,

c'est le peuple situé au Nord qui a le plus de chance d'être victorieux.

De ce résumé rapide nous tirons trois règles à l'aide desquelles nous croyons pouvoir prédire, avec de grandes probabilités, la marche future de l'intelligence, et peut-être bien les résultats des grandes guerres qui déchireront l'Europe.

Ces règles les voici :

1° Loi des âges. — Etudier, d'après les données historiques, l'âge des peuples combattants. Celui qui est dans l'âge viril a le plus de chances de succès ;

2° Loi des latitudes. — Examiner la position géographique des combattants, à égalité d'âge, le peuple le plus septentrional sera vainqueur ; si à l'égalité d'âge s'ajoute l'égalité de la population, le résultat est certain ;

3° Loi des longitudes. — Pour savoir si la civilisation fera de nouveaux progrès, sous la nouvelle domination matérielle, examiner la situation en longitude. Si le vainqueur est à l'ouest du vaincu, la civilisation sera brillante ; s'il est à l'est, elle restera stationnaire et s'affaiblira.

Ces trois lois vont nous guider pour tracer la marche future de la civilisation.

X. La situation de l'Europe actuelle est digne d'attention. Examinons-la.

Paris a pris la place de Madrid. L'unité française a donné à notre capitale le principal rôle dans la direction des affaires, depuis le Roi-Soleil jusqu'au funeste empereur, prisonnier à Sedan.

Depuis 1870, pour tout esprit dégagé de chauvinisme, Paris ne possède plus la direction du vieux continent, car il serait puéril de contester la puissance de l'Allemagne.

Berlin occupe le premier rang militaire et Londres le premier rang commercial.

L'Allemagne et l'Angleterre nous tiennent tête en science et en industrie. Notre supériorité n'existe plus que dans les beaux-arts et l'art industriel, mais il est temps de faire attention à nous.

La France paraît avoir atteint toute sa puissance, les symptômes précurseurs de la vieillesse sont même visibles pour l'historien et l'analyste ; mais nous ne devons pas craindre cette vieillesse, qui tôt ou tard viendra nous abattre, parce que notre patrie perfectionne chaque jour, depuis un siècle, une œuvre autrement grande, autrement puissante et surtout autrement fertile que celle faite par les nations qui l'ont précédée. Elle a proclamé les droits de l'homme et leur donne aujourd'hui force de loi.

Voilà l'œuvre sublime qui la fera vivre éternellement dans le sein des nations. Waterlo, Sedan..., d'autres batailles encore, pourront anéantir nos armées dans des jours de malheur, parce que le fer brise le fer et que la mitraille fauche les hommes ; mais le fer et la mitraille n'atteignent point l'esprit. La liberté, née en France, éclaire déjà le nouveau monde; elle doit la vie à nos ancêtres, elle leur donnera l'immortalité.

Et nous ne craignons pas de le dire, nous sommes des fils ingrats. Habitués à jouir de cette liberté, nous n'en connaissons plus le prix; nous usons sans mesure du patrimoine acquis péniblement par nos aïeux, sans songer qu'ils ont souvent donné leur vie pour délivrer la nôtre. Nous leur devons un tribut de reconnaissance; gloire et honneur à eux tous.

Pour nous le rôle de la France est désormais plus philosophique que matériel. Après avoir proclamé la liberté, il lui faut enseigner aux hommes l'usage qu'ils peuvent en faire, et surtout les devoirs qu'elle leur impose [1].

Nous ne devons pas oublier ce qu'a dit Lamark. « La recherche continuelle des vérités auxquelles l'homme social peut espérer de parvenir lui fournira seule le moyen d'améliorer sa situation et de se procurer la jouissance des avantages qu'il est en droit d'attendre de son état de civilisation ». La mission qui nous incombe à nous tous qui vivons aujourd'hui, c'est de travailler à la recherche de ces vérités fondamentales, bases inébranlables de nos droits et de nos devoirs.

[1] Le sentiment de nos droits est sujet à l'erreur, et ces erreurs peuvent nous conduire aux abîmes; quant le sentiment du devoir erre par excès, cet excès s'appelle le dévouement. (Henri Wallon).

Discours prononcé à l'ouverture de la séance publique de la Société libre d'Émulation du Commerce et de l'Industrie. — Rouen, 11 juin 1881.

Pour notre part, nous sommes persuadés qu'aucun français, quelles que soient ses convictions scientifiques, politiques ou religieuses, ne songe à s'y soustraire.

Nous avons dit tout à l'heure que le rôle matériel de la France, atteignait actuellement son maximum de puissance. Voici sur quoi nous fondons notre appréciation.

Revenons à notre division de l'Europe en suivant sur la carte : Madrid, Paris, Berlin, Saint-Pétersbourg.

Madrid a fini son temps.

Paris décline, Berlin règne presque en maître absolu.

Saint-Pétersbourg reste, de par la volonté même du tzar, en dehors de la lutte : il se réserve [1].

Appliquons à ces quatre villes, ou peuples qu'elles représentent, les lois de l'évolution ci-dessus énoncées, en tenant compte que la civilisation parvenue à l'Océan a pour ainsi dire rebondi en arrière, et par conséquent que le rameau resté en Europe doit dès lors marcher de l'ouest vers l'est, tandis que celui qui a franchi l'Atlantique conservera sa direction normale.

[1] Quand ces lignes ont été écrites (novembre 1886) l'alliance Franco-Russe n'était pas connue. Elle est conforme aux enseignements de l'histoire. La France en représente le principe intellectuel, tandis que la Russie, par son immense étendue, en est l'élément matériel. Peu à peu ces deux nations formeront un tout homogène et invincible. Alors nos petits-fils assisteront à une invasion pacifique de la race slave dans notre pays, et eux-mêmes pénètreront librement sur le territoire de leurs envahisseurs. Par une singulière coïncidence le drapeau national des deux peuples est déjà formé des mêmes couleurs. Bleu-Blanc-Rouge. R. C.

Loi des longitudes :

Madrid plus à l'ouest que Paris a été supplanté par Paris.

Paris plus à l'ouest que Berlin a été vaincu par lui.

Enfin Berlin plus à l'ouest que Saint-Pétersbourg lui cèdera certainement la place dans quelque temps.

Loi des latitudes :

Madrid est plus au sud que Paris, Paris plus au sud que Berlin et Berlin plus au sud que Saint-Pétersbourg.

Loi des âges :

La France est actuellement la plus âgée des puissances continentales, elle est vieille [1].

La Prusse (Allemagne) est dans l'âge viril [2].

La Russie est jeune [3].

Les trois lois de la longitude, de la latitude et de l'âge s'accordent complètement pour assigner le même ordre de succession aux trois capitales Paris, puis Berlin, puis Saint Pétersbourg.

Il est probable, *et pour nous il est absolument certain*, qu'elles occuperont dans l'ordre prévu et chacune à leur tour le sommet de la civilisation.

[1] Elle date de Clovis ou tout au moins des Carlovingiens, soit des VIIIe et IXe siècles.

[2] Les ducs de Pologne cherchèrent en vain à civiliser les Prussiens (encore païens) dans les Xe et XIe siècles.

En 1227, les chevaliers Teutons gouvernent la Prusse.

[3] Dès 861, les Russes commencent à se réunir en corps de nation, mais ils restèrent jusqu'en 1482, sous le joug des Tartares. Le premier Tzar (Jean IV) est proclamé en 1547.

On nous fera, peut être observer, que nous négligeons de parler de Rome, de Vienne, de Constantinople. La raison en est bien simple, la voici :

Ces trois capitales sont au sud des autres ; leur situation géographique leur impose un rôle modeste que nulle force humaine, nulle combinaison politique ne pourra rendre brillant.

Elles doivent se résigner à jouer les grandes utilités dans la troupe du théâtre des nations.

Et l'Angleterre ?

Londres n'est pas à compter, les villes commerçantes n'ont jamais exercé d'influence directe sur l'esprit humain. Elles propagent la civilisation, mais ne l'améliore pas.

A aucune époque le commerce n'a formé de nation durable. Voyez Tyr et Carthage dans l'antiquité, Venise et Gênes au moyen âge. Et comment pourrait-il en être autrement dans ces sortes de villes où tout est réglé en vue de la prospérité des habitants et non pour maintenir celle de l'État.

Chaque citoyen n'a qu'un but, s'enrichir ; et la patrie n'existe pas pour lui au-delà de son comptoir.

L'Angleterre aura le sort de Carthage. Elle disparaîtra de la carte le jour où les puissances continentales jugeront qu'elle a assez vécu.

Le duel de l'Eléphant [1] et de la Baleine [2], dont nous

[1] L'Éléphant symbolise l'Angleterre. — Empire des Indes.

[2] La Baleine symbolise la Russie.

voyons aujourd'hui les premières passes, se terminera par le triomphe de cette dernière.

La Russie qui deviendra dans peu une puissance bien autrement formidable que l'Allemagne, réalisera cette prophétie.

Mais, quoi qu'il arrive, avant qu'il se soit écoulé un siècle, le centre de la civilisation ne sera plus dans le vieux monde.

Le rameau porté par Christophe Colomb aura couvert de son ombre toute l'Amérique et les Etats-Unis seront le centre momentané de l'esprit humain.

Ce mouvement est marqué, dès aujourd'hui, par l'extension considérable de la population américaine vers l'ouest : New-York est une ville puissante, Chicago devient immense, San-Francisco se développe rapidement.

Le temps est proche où toute la ligne du Pacifique formera une vaste avenue reliant les deux océans; elle concentrera sur son parcours toutes les forces vitales et intellectuelles du globe.

Parvenue sur les bords de l'océan Pacifique, la civilisation ne sera pas plus arrêtée par ce nouvel obstacle qu'elle ne le fut jadis par la Méditerranée et l'Atlantique.

Il sera franchi, et la civilisation abordera sur une terre merveilleusement préparée, véritable terre promise, où elle retrouvera une jeunesse qu'il ne nous sera pas permis de contempler.

Mais pourquoi en sera-t-il ainsi? Là encore, le passé va nous servir d'enseignement.

Dans le domaine de l'esprit comme dans celui du monde physique, les mouvements successifs dépendent les uns des autres, et, en plus, réagissent entre eux; ils sont liés dans le temps et dans l'espace.

C'est précisément l'invariabilité de ces liens qui nous permet d'établir les lois à l'aide desquelles nous passons du connu à l'inconnu. Ils forment la base des sciences exactes.

Or, l'histoire nous montre qu'il y a une relation entre l'intelligence d'un peuple et le développement de son littoral[1].

Quelques exemples très généraux vont préciser notre pensée.

La Grèce et l'Italie possèdent un territoire très restreint par rapport à leurs côtes maritimes. L'Europe est, de toutes les parties du monde, la plus découpée : elle est aussi la plus intelligente. Par contre, l'Afrique, et principalement l'Australie, qui est presque circulaire, ont pour habitants naturels des êtres voisins de l'animalité.

Nous remarquerons que les Etats-Unis présentent peu de découpures. La civilisation y fera des progrès maté-

[1] Il faut tenir compte du rôle de plus en plus important des chemins de fer et des moyens encore plus rapides de communication qui seront certainement inventés.

Le développement du littoral n'agit que parce qu'il favorise les relations des peuplades voisines. — Consulter à ce sujet Elisée Reclus, l'*Océan et la Vie*.

riels; la tendance y sera surtout utilitaire. Elle sera féconde en machines multipliant les forces industrielles. La philosophie et les sciences pures progresseront peu chez ce peuple, pour lequel le temps représente uniquement des bank-notes; sa forme géographique s'y oppose.

Il n'en sera pas de même lorsque la civilisation sera arrivée dans les contrées formées par les archipels de la Sonde, du Japon, de la côte chinoise et d'une partie de la côte australienne.

Là, toutes les conditions géographiques et climatologiques se trouveront réunies pour le développement, l'amélioration et la paix du genre humain.

Le sol de ces contrées, aujourd'hui très volcanique, sera probablement calmé dans les quelques siècles qui nous séparent de cet événement.

Les hommes qui habiteront alors la contrée seront le produit du croisement de toutes les races européennes, asiatiques et américaines. Ils seront débarrassés des préjugés qui encombrent notre vie et nous arrêtent à chaque instant.

Quelle sera cette civilisation ?

Nous ne pouvons nous en faire aucune idée. Elle sera aussi supérieure à la nôtre, que la nôtre est supérieure à celle de nos ancêtres; mais vouloir en faire la moindre description serait entrer dans le domaine du roman historique, toujours ridicule, quand il prétend dépeindre sérieusement la vie, les mœurs et les usages de ceux qui nous qualifieront dédaigneusement de nations primitives et peut-être même de races préhistoriques.

Tout ce que nous pouvons affirmer, c'est qu'elle ne durera pas indéfiniment. Elle épuisera son territoire comme nous épuiserons le nôtre.

Cette civilisation sera-t-elle le point terminus de l'odyssée humaine ?

Nous pensons qu'après avoir continué sa route à travers l'Inde, ce qui la ramènera à son point d'origine, elle déclinera, puis s'éteindra peu à peu. De sorte qu'elle aussi aura eu, comme toute chose, une naissance, une vie et une mort qui se produira fatalement quand notre globe ne lui fournira plus les éléments nécessaires à son entretien.

Avec elle, la pensée, le moi qui se connaît, qui sonde l'espace, qui mesure l'univers pour essayer d'en déchiffrer l'énigme, cette sublime pensée se dissipera comme le nuage éphémère qui flotte dans l'azur du ciel inconscient.

Après l'homme, la vie organique disparaîtra. Ensuite, notre globe lui-même cessera d'exister en tant qu'unité astronomique ; ses éléments retourneront au soleil qui les lui a fournis. Le soleil, que nous voyons aujourd'hui si brillant, sera glacé et sombre. Puis l'espace infini absorbera sa poussière et la diffusera pour toujours.

X. Que seront devenues alors ces renommées que nous déclarons immortelles, ces œuvres que nous qualifions d'impérissables ? Où tout cela sera-t-il donc quand notre univers ne sera plus ? ?

DEUXIÈME PARTIE

II

DE LA FIXITÉ DES ESPECES

I

DE LA FIXITÉ DES ESPÈCES

ANALOGIES DES UNITÉS ORGANIQUES ET DES UNITÉS MINÉRALES

Ce que nous allons dire ici aurait pu trouver place dans le chapitre consacré à l'évolution organique. Mais nous avons préféré, pour les raisons indiquées dans la préface, ne pas surcharger l'exposé descriptif du transformisme et traiter à part la question de la fixité des espèces.

Nous serons beaucoup plus à l'aise pour la présenter sous son véritable jour et faire voir, au lecteur impartial, que cette prétendue fixité absolue des espèces est loin d'être prouvée.

Nous montrerons même que la grande stabilité des espèces et la résistance qu'elles opposent au croisement est tout en faveur du système de l'évolution.

Ensuite nous poserons quelques questions aux anti-transformistes et nous les prierons de répondre... s'ils le peuvent.

M. de Quatrefages, l'adversaire absolu du transformisme, est de tous les auteurs celui qui serre de plus près la question tout en restant constamment sur le terrain scientifique, le seul admissible d'ailleurs. Son argumentation peut se résumer ainsi :

Les productions organiques, d'après ce savant, rentrent dans un certain nombre de moules qui divisent la nature en un plus ou moins grand nombre de parties constituant ce qu'il appelle les formes des espèces végétales ou animales. Il admet que les espèces peuvent varier dans de certaines limites, mais que *jamais* elles ne peuvent se transformer les unes dans les autres, ou, pour nous servir de sa propre expression, *transmuter* entre elles.

« En somme, les transformistes ont confondu deux choses fort différentes : *la variabilité* et *la transmutabilité.*

» La première est partout dans le monde inorganique comme dans le monde organique ; la seconde n'est nulle part, pas plus chez les animaux et les plantes que parmi les minéraux. La transformation d'une espèce serait un phénomène du même ordre que celui de la transformation du mercure en argent ou en or. Les transformistes sont en réalité des alchimistes qui, forcés de convenir qu'ils ne peuvent accomplir le grand œuvre, affirment que la nature travaille pour eux. Mais, jusqu'à ce jour, ils n'ont apporté d'autre preuve que leur affirmation, et la science moderne demande autre chose. » *Dictionnaire encyclo-*

pédique des sciences médicales, au mot *espèces*. Article signé DE QUATREFAGES, p. 42.

D'abord qu'est-ce que l'espèce ?

Les anti-transformistes nous en donnent-ils une définition mathématiquement précise ?

M. de Quatrefages, dans l'article déjà cité, énumère une notable quantité de définitions empruntées aux savants de toutes les écoles.

Nous remarquons immédiatement que cette définition ou formule de l'espèce, loin de rester immuable comme il convient à la vérité en pleine possession d'elle-même, est obligée de se modifier, de se *transformer* (!!!) pour rester en harmonie avec les progrès de la science expérimentale.

Nette, catégorique, entre les mains de Buffon qui dit : « l'espèce n'est autre chose qu'une succession constante d'individus semblables et qui se reproduisent, » elle devient diffuse et pleine de réticenses quand elle est formulée par M. de Quatrefages.

Les générations alternantes, si admirablement décrites par Edmond Perrier, dans ses *Colonies animales*, le préoccupe évidemment. Sa formule dénote par dessus tout la crainte d'être mis en échec par une nouvelle découverte de la science.

« L'espèce, dit-il, est l'ensemble des individus *plus ou moins* semblables entre eux, qui sont descendus ou qui *peuvent être regardés comme* descendus d'une paire primitive unique, par une succession de familles ininterrompues et naturelles. »

A force d'avoir voulu embrasser tous les cas possibles prévus ou non, le savant naturaliste a construit une définition qui ne définit rien.

Et, d'abord, quelle est la limite de la variation entre les individus plus ou moins semblables entre eux? Si la différence est toujours dirigée dans le même sens, le premier type peut être extrêmement différent du dernier.

Nous nous souvenons avoir vu autrefois, dans les cartons de notre père, une suite de profils dont le premier représentait une superbe figure grecque; le second, la même figure, mais avec un angle facial moindre ; enfin, après une série de profils plus ou moins semblables entre eux, la figure grecque s'était métamorphosée en grenouille.

C'était une distraction artistique très amusante paraît-il de transformer ainsi les profils les uns dans les autres; en tout cas, c'était prétexte à de piquantes allusions.

Donc, d'après M. de Quatrefages, la grenouille et la tête grecque seraient de la même espèce, car elles descendent l'une de l'autre par une succession ininterrompue de profils plus ou moins semblables entre eux.

Il n'affirme plus que l'espèce a pour point de départ un couple unique, il dit : « individus qui sont descendus ou peuvent être regardés comme descendus, » donc une même espèce peut avoir plusieurs origines, plusieurs troncs.

Enfin, dans la crainte sans doute de n'être pas assez complet, ce savant naturaliste a cru devoir terminer sa formule par une affirmation que personne ne cherchera à contredire car, forcément, nous devons être tous d'accord sur ce point.

D'après lui l'individu considéré doit être relié au couple primitif générateur de l'espèce par une succession de familles ininterrompues et naturelles.

Nous demandons ce qu'il serait advenu si la succession vitale s'était interrompue?

Nous avons toujours pensé, et nous penserons jusqu'à preuve du contraire, qu'entre un grand-père et son petit-fils, il existe de toute nécessité une génération paternelle intermédiaire. Si cette génération paternelle n'existait pas, la succession familiale serait non pas seulement interrompue, mais absolument brisée. Sans père, pas de fils, et par conséquent pas de grand-père.

Cette formule est vraiment extraordinaire et nous nous demandons, à notre tour, ce que peut bien signifier au point de vue de l'affirmation de la fixité des espèces, une définition où tout est variable.

L'auteur déclare lui-même qu'elle exprime surtout une idée de ressemblance et de filiation.

Nous n'insisterons pas davantage sur cette question de pure définition technique, et nous admettons (sous toutes réserves) l'existence de l'espèce comme *unité organique*.

Cette unité, dont nous accordons le bénéfice à nos adversaires, est encore tout à notre avantage. C'est ce que nous allons démontrer.

Que reproche-t-on au transformisme? Quel est l'argument capital qu'on lui oppose? Le voici :

C'est de ne pouvoir modifier expérimentalement les espèces d'une manière permanente, c'est que les croisements entre espèces différentes sont inféconds, et qu'en dépit de tout, les hybrides reviennent au type paternel ou maternel primitif dans un temps généralement très court.

Il nous semble que cet argument, autour duquel on a fait tant de bruit, prouve tout au plus notre impuissance expérimentale et n'atteint nullement la doctrine. Et même ce qui nous étonne, ce n'est pas l'infécondité des hybrides, mais *la possibilité* de leur naissance.

Si les espèces animales ou végétales étaient véritablement étrangères les unes aux autres, si, comme les adversaires du transformisme le prétendent, elles avaient une origine distincte, nous ne voyons pas comment ce fait de l'hybridation pourrait se réaliser.

Bien au contraire, de ce que disent les partisans de l'ancienne école, sa possibilité naturelle indique le lien qui unissait primitivement les êtres aujourd'hui séparés. Il va en s'affaiblissant à mesure que les différences s'accentuent. Les races voisines donnent des métis indéfiniment féconds ; les espèces voisines des hybrides improductifs, enfin les espèces éloignées, celles qui ont été profondément modifiées ne s'accouplent même plus.

Il est vraiment singulier qu'en toutes choses, les hommes aient une tendance à vouloir mesurer l'univers à l'aide des faibles ressources de leur raison.

Ils confondent volontiers leurs propres forces avec celles de la nature, et prennent la limite de leur pouvoir pour le terme de la puissance cosmogénique.

Quel est l'homme de science qui oserait soutenir que le diamant n'est pas du carbone, parce qu'avec le charbon nous ne pouvons le reproduire à volonté?

Eh bien, quand on nous dit que les espèces organiques sont des unités incompatibles parce que nous ne pouvons les modifier, on commet la même erreur.

Qu'elles soient profondément distinctes nous n'en doutons pas; qu'elles soient très stables, cela est évident; mais de ce que nous ne pouvons les modifier, il ne s'en suit pas qu'elles ne soient modifiables.

D'ailleurs, M. de Quatrefages va nous ouvrir lui-même un nouveau champ d'expériences comparatives. Il dit :

« Evidemment cette loi (infécondité des espèces croisées) joue dans le monde organique un rôle analogue à celui qui est dévolu à l'attraction dans le monde sidéral. La première maintient la distance géologique ou botanique entre les êtres organisés, comme la seconde maintient la distance physique entre les astres. »

Il n'y a là évidemment qu'une image, et nous ne pensons pas que l'auteur ait réellement voulu établir une comparaison entre l'attraction universelle et l'infécondité des hybrides.

En tout cas cette image n'est pas heureusement choisie, car l'attraction est un lien qui rend tout les astres solidaires les uns des autres. Elle les unit étroitement, à tel point qu'une pierre, remuée sur la terre, dérange le mouvement de la lune, et cela est *rigoureusement vrai*. L'infécondité est au contraire une barrière qui empêche toute relation entre les espèces et les laisse devenir de plus en plus étrangères les unes aux autres.

Assimiler ainsi un lien attractif à une diffusion sans cesse croissante nous paraît un peu forcé.

Et plus loin : « la transformation d'une espèce en une autre espèce serait un phénomène du même ordre que celui de la transformation du mercure en argent ou en or; les transformistes sont en réalité des alchimistes..., etc. »

Cette fois, la comparaison est exacte sous toutes ses faces, au propre comme au figuré, et, pour notre part, nous pensons que les espèces végétales et animales constituent des unités matérielles de même ordre que les corps réputés simples de la chimie minérale.

Les uns et les autres sont des radicaux plus ou moins complexes, et nous allons comparer les unités organiques (espèces) aux unités chimiques (corps simples).

Puis, appliquant par extension les connaissances certaines acquises en chimie, nous démontrerons que les *unités organiques* sont comme les *unités minérales*, les modifications stables d'un état primitif de la matière qui est aujourd'hui hors de nos moyens d'analyse ou de synthèse directe.

La preuve expérimentale étant faite et parfaite, nous pouvons affirmer que les quelques soixante ou soixante-dix espèces de corps simples terrestres possèdent un ensemble de propriétés physiques et chimiques qui indique leur unité primordiale.

L'analyse spectrale montre qu'il y a une foule d'unités secondaires (quoique simples) qui relient entre elles les unités principales. De telle sorte qu'entre les unités nettement séparés, que nous appelons corps simples, viennent s'intercaler, comme les termes moyens insérés dans une progression, une foule de substances également simples qui les relient, et qu'ainsi il est possible de passer de l'une à l'autre, depuis la première jusqu'à la dernière, sans rencontrer d'obstacle infranchissable.

Enfin, nous constatons, que malgré tous nos efforts, nous ne pouvons transformer aucun corps simple en un autre, et que même certaines formes moléculaires nous sont presque inaccessibles (le diamant par exemple).

Notre science inorganique nous donne donc la notion très nette : 1° de la pluralité des espèces chimiques ; 2° de l'unité de leur constitution matérielle ; 3° de notre impuissance à les modifier.

Examinons maintenant nos connaissances organiques : L'histoire naturelle nous montre la matière organique répartie en une certaine quantité de masses individuelles ayant des formes déterminées plus ou moins semblables les unes aux autres.

Mais l'anatomie comparée nous montre (voir le chapitre de l'évolution organique) que quelle que soit la forme de la masse organisée, les fonctions plus ou moins complexes qu'elle remplit sont toujours les mêmes, et qu'au fond, il y a identité complète dans les fonctions de la cellule organique, qu'elle soit végétale ou animale.

Enfin, nous ne pouvons pas transformer d'une manière permanente les unités ou espèces organiques.

Nous avons donc la notion très nette : 1° de la pluralité des espèces organiques ; 2° de l'unité physiologique de leur constitution ; 3° de notre impuissance à les modifier d'une façon durable.

L'analogie est complète entre les phénomènes qualifiés de minéraux, et ceux désignés sous le nom d'organiques. Or, tous les chimistes et physiciens admettant aujourd'hui l'unité primitive de la matière, il est logiquement impossible de ne pas admettre du même coup l'unité primitive de la vie à la surface du globe.

Donc, l'infécondité des hybrides ne saurait être un argument décisif contre le transformisme, pas plus que l'impossibilité de transformer un corps simple en un autre corps simple ne prouve la multiplicité originelle de la matière.

L'une et l'autre indique tout au plus la limite de notre sphère d'action expérimentale, et aussi la grande stabilité des formes minérales ou organiques actuellement existantes.

Les races hybrides que nous produisons artificiellement ne correspondant à aucun besoin réel de la nature. Or, nous savons que celle-ci ne fait rien d'inutile, ou plutôt, que tout dans l'univers s'enchaîne dans un ordre déterminé.

Les espèces naturelles sont chacune le résultat d'une suite d'influences ayant modifié peu à peu l'organisme de ceux de leurs ancêtres qui ont pu les supporter sans succomber immédiatement.

L'espèce est donc en harmonie avec le milieu climatologique dans lequel elle vit ; en un mot, elle est faite pour son habitat.

Nulle part nous ne trouvons, et ne trouverons jamais, des espèces animales en désaccord constitutionnel avec le sol qui doit les faire vivre.

L'ouvrier qui fait des serrures ne produit que celles qu'il peut vendre. Il ne s'avisera jamais de construire des instruments incapables de s'adapter aux portes qu'ils doivent fermer. Or, quand nous produisons un croisement d'espèces, l'animal qui en résulte est en discordance tellement grande avec le milieu où il naît, qu'il ne pourrait s'y maintenir un seul instant ; il mourrait, si l'homme n'était là pour le soutenir.

Cet animal est un véritable contre-sens organique, une

inutilité que la marche régulière des évènements n'aurait pas produite, et que la nature rejette.

Pour produire une hybridation durable, une espèce nouvelle permanente, il faudrait, avant d'opérer le croisement des producteurs, préparer le terrain qui doit recevoir les produits et le mettre en harmonie avec les besoins des êtres nouveaux dont il sera l'habitat.

Or, comme nous ne sommes pas maîtres de modifier la climatologie, on aurait pu prédire, à l'aide des lois du transformisme, le résultat du croisement des espèces, c'est-à-dire l'impossibilité d'en maintenir les descendants, et leur retour rapide aux formes de l'une des deux espèces procréatrices.

A notre tour, nous poserons une question aux anti-transformistes.

Nous leur demanderons comment ils peuvent concilier leur affirmation de l'invariabilité des espèces avec l'impossibilité des générations spontanées; étant donné que la vie n'a pas existé de toute éternité à la surface de la terre, et qu'aujourd'hui les formes vivantes (animaux ou plantes) sont excessivement nombreuses.

MM. Pasteur, de Quatrefages et autres ont démontré catégoriquement que les animaux ne se produisent pas spontanément; d'autre part, ils nient d'une façon tout aussi catégorique la transmutabilité des espèces.

De deux choses l'une cependant, où les espèces se transforment les unes dans les autres, et ont pour origine commune une forme extrêmement simple, contemporaine de la période géologique désignée sous le nom d'époque primitive, ou bien chaque espèce actuelle a pour origine un couple *surgissant brusquement* dans les différentes époques géologiques primaires, secondaires, tertiaires ou quaternaires.

Prenons, par exemple, le cheval et son ancêtre indubitable l'hipparion; la géologie nous apprend que cet hipparion n'existait pas durant la période secondaire, mais qu'il était fréquent à la fin de la période tertiaire, donc il est apparu vers le commencement de la période tertiaire.

Nous disons qu'il est impossible aux anti-transformistes d'échapper au dilemme suivant :

Ou bien l'espèce hipparion descend par voie de transformation d'une espèce plus ancienne, qui elle-même tire son origine d'une autre, et ainsi de suite, jusqu'au protoplasma primitif, ou bien le premier couple d'hipparions est apparu *subitement tout formé*, au milieu des prairies où il devait paître. Dans ce cas, nous sommes en présence de la colossale génération spontanée d'un animal mammifère supérieur.

Si nos adversaires admettent le premier cas, ils se mettent en contradiction avec leur propre doctrine et nous donnent gain de cause. S'ils se rejettent sur le second, ils commettent une hérésie monstrueuse, condamnée par eux-mêmes, car la génération spontanée, démontrée impossible pour les organismes les plus rudimentaires, ne saurait s'appliquer à un mammifère aussi perfectionné que le cheval.

Nous avons vainement cherché parmi les nombreux travaux de nos adversaires scientifiques une réponse à cette question.

Nous n'avons trouvé que des aveux d'impuissance d'une part et, de l'autre, que des arguments théologiques. Or, « *Il est évident que dès qu'on invoque l'intervention directe de la Divinité on n'est plus sur le terrain dont les savants ne doivent jamais sortir.* »

C'est M. de Quatrefages qui a dit cela, et il a grandement raison.

Nous espérions trouver dans la « Critique des théories transformistes[1] » la solution que nous cherchions, car cette « Critique » vise directement nos études; mais nous n'y avons rencontré que les arguments qui forment le fond ordinaire des publications anti-transformistes; aucune réponse à nos questions, aucune solution du dilemme que nous posons. Un aveu d'impuissance de plus, et c'est tout.

La doctrine de l'invariabilité des espèces est une barrière constamment dressée sur la route de la science, barrière illusoire qui ne clôt rien, qui n'enferme rien, car la détermination des espèces est souvent bien impossible. Des races ont été déclarées espèces incompatibles

[1] *Etude critique des théories transformistes*, par le Dr Boucher; *Bulletin de la Société libre d'Emulation du Commerce et de l'Industrie*, année 1891, 1er fascicule.

et inversement des espèces ont été confondues et mélangées par nos zoologistes de profession.

Comme nous le disions tout à l'heure, le premier couple de chaque espèce constitue un point d'interrogation devant lequel les partisans de la fixité des espèces sont forcés d'avouer l'impuissance de leur doctrine.

Il en est tout autrement avec le système de l'évolution. Là, nous pouvons aller d'un bout à l'autre de l'échelle organique sans rencontrer un seul obstacle infranchissable. Sans doute, la route est parfois difficile, sans doute, il faut se frayer un passage à travers d'épais fourrés où l'on s'égare ; mais en avançant avec prudence, en suivant strictement les indications de cette boussole infaillible qu'on appelle la méthode expérimentale, on est sûr de retrouver tôt ou tard la vraie route.

Enfin, quand nous sommes parvenus à l'origine même de la vie, à ce protoplasma tant discuté, sommes-nous en face d'un abîme infranchissable ? Non, car la science humaine est encore jeune ; elle ne date guère que d'un siècle ; elle a résolu des problèmes bien autrement difficiles que celui qui nous occupe en ce moment. Et nous pouvons être persuadés que le génie humain qui a su analyser les étoiles, peser les mondes, prédire leur marche au milieu de l'immensité, reconstituer leur passé et revivre au sein de siècles qui ne sont plus, ne sera pas indéfiniment arrêté par un obstacle plus apparent que réel.

Rappelons-nous que toutes les grandes doctrines

scientifiques ont été niées, et, qui plus est, réfutées de bonne foi à l'aide d'arguments reconnus plus tard insuffisants, pour ne pas dire grotesques. La doctrine des antipodes a été ridiculisée par Plutarque.

Le père Kircher a réuni une collection d'arguments qui, d'après lui, prouvent surabondamment que le mouvement de la terre est une utopie : si la terre tournait, disait-il, les oiseaux n'oseraient s'élever dans les airs de peur de voir la terre se dérober sous eux, et de ne pouvoir regagner leur nid ; cet argument permet de juger les autres, et, cependant, les hommes de son époque le croyait irréfutable.

Aujourd'hui, le transformisme rencontre encore contre lui bon nombre d'arguments de la même valeur ; nos descendants en plaisanteront et se moqueront de l'étroitesse de nos vues.

Nous ne serions pas étonnés que la fixité apparente des espèces ne soit citée, dans quelques années, comme une preuve certaine du transformisme, car il n'est pas rare de voir les armes se retourner contre ceux qui s'en servent maladroitement.

On disait, devant un savant du moyen âge, que si véritablement Vénus tournait autour du soleil, comme il le prétendait, elle devait présenter des phases semblables à celles de la lune ; or, on n'en voyait pas. Perfectionnez vos instruments, répondit l'illustre vieillard, et vous les verrez ; le temps et l'expérience lui ont donné raison.

Nous dirons aussi, perfectionnez vos instruments d'observation, perfectionnez surtout vos méthodes et vos procédés analytiques, dépouillez vos idées préconçues touchant les causes finales, ramenez la métaphysique à sa juste valeur, vous verrez alors, resplandissant comme une clarté au milieu des ténèbres, cette loi de l'éternelle mobilité de la matière. Les mondes se forment et se déforment dans l'espace infini; la terre se meut, et la vie qu'elle porte se modifie sans cesse; les sociétés humaines se transforment; les civilisations naissent, vivent et meurent; la politique, les croyances religieuses changent constamment; nous-même ne restons pas un seul instant identiques à nous mêmes, car nos goûts et nos aspirations varient avec l'âge.

Et l'on voudrait, au milieu de cette perpétuelle agitation, nous présenter les espèces animales comme immuables? Cela n'est pas possible. Elles suivent la règle générale, ou bien elles ne sont qu'une vaine conception de notre esprit, elles n'existent pas.

Depuis l'infiniment grand, jusqu'à l'infiniment petit, toute agglomération matérielle doit, pour vivre, se maintenir constamment en harmonie avec le milieu où elle se trouve. Les atomes chimiques, par leurs combinaisons successives; les êtres organiques, par la génération; les sociétés humaines, par le renouvellement des lois qui les régissent, réalisent sous nos yeux ce va-et-vient perpétuel de la matière et de la pensée sans lequel l'univers ne serait qu'un éternel néant.

II

TRANSFORMISME ET PHILOSOPHIE

GENÈSE ÉVOLUTIONNISTE ET GENÈSE BIBLIQUE — NEUTRALITÉ PHILOSOPHIQUE ET THÉOLOGIQUE DU TRANSFORMISME — MIRACLES.

1. Nous venons d'examiner le transformisme au point de vue scientifique et cosmogénique et il est ressorti de cet examen que ce système ramène tout à l'unité matérielle, se développant librement dans le temps et dans l'espace.

Pour le transformisme, et nous ne craignons pas d'ajouter pour la science moderne, l'univers se compose en dernière analyse d'une certaine quantité de mouvements matériels s'effectuant dans l'espace ; leur succession mesure le temps et forme la vie universelle.

Le premier terme de ce mouvement se trouve dans les nébuleuses informes ; le dernier (sur la terre bien entendu) est représenté par l'homme adulte civilisé.

Si nous comparons cette formule cosmogénique à celle généralement admise, d'après les traditions bibliques, nous trouvons qu'elles sont en complet désaccord.

Nous savons que de grands travaux ont été faits pour concilier la science et le texte saint. Les Exégètes ont accumulé livres sur livres dans l'espoir de démontrer un parallélisme qui n'existe pas.

Il est vrai que les grandes lignes s'accordent assez bien, mais les détails ne peuvent se concilier.

Que les Exégètes « concordistes, idéalistes ou autres » s'épuisent en ce genre de recherche cela est peu important. La science a marché malgré toutes les entraves qui lui ont barré la route ; aujourd'hui elle est libre, dans la plus large acception du mot et c'est l'usage qu'elle a fait ou qu'elle peut faire de cette liberté qu'il est important de connaître.

Pour tout esprit libre et indépendant, il est certain que notre époque voit se dérouler les péripéties d'un duel moral qui devient de plus en plus âpre, de plus en plus terrible dans ses conséquences.

Ce duel a un nom : c'est la lutte du spiritualisme et du matérialisme.

Tant que ce duel n'a eu pour acteurs que des philosophes, il est resté pour ainsi dire inconnu, ignoré, sauf des quelques témoins qui assistaient au tournoi ; mais aujourd'hui le combat s'est généralisé, c'est au milieu de tous et à la vue de tous que les coups sont donnés et reçus de part et d'autre et le peuple n'assiste pas impassible à la lutte.

Or, quel est son sentiment ? La réponse est aisée : le matérialisme triomphe sur toute la ligne et la foi s'en va.

Ce résultat était inévitable. Immobilisée par sa nature même, une révélation prétendue divine, ne pouvait et ne pourra jamais se prêter aux transformations nécessaires pour la maintenir en harmonie avec le milieu intellectuel sur lequel elle doit agir.

Ce milieu au contraire est libre de varier et il varie sans cesse, il suit constamment une marche progressive. Il arrive bientôt un moment où la religion révélée est en complète contradiction avec lui ; cette contradiction amène un conflit dont le résultat n'est pas douteux : l'élément immobilisé, ankilosé est détruit.

Et voilà pourquoi tous les dogmes religieux sans exception ont tous péri sans laisser la moindre trace de leur existence. Sans remonter au delà de la mythologie, nous voyons aujourd'hui les dieux de l'Olympe parfaitement oubliés et cependant ils ont été jadis adorés et redoutés : la science au contraire n'ayant aucune prétention à l'infaillibilité se corrige constamment et se perfectionne sans cesse ; aussi la voyons-nous toujours grandissante et de plus en plus maîtresse d'elle-même [1].

Entre la science humaine et la religion révélée, il y a donc une différence profonde, un abîme. L'une, la science obéit à la loi universelle du progrès, elle se modifie sans cesse et conséquemment prospère de plus en plus ; l'autre,

[1] La science c'est le progrès, en ce sens que c'est un acheminement lent et continu vers la vérité. — Felix Hément, *Discours sur la Terre et sur l'Homme*. Cet auteur est anti-transformiste.

la religion inscrustée dans un moule dont elle ne peut changer la moindre parcelle, parce que : « L'erreur positive, absolue, si légère qu'elle soit, est incompatible avec le principe de la révélation », est destinée à périr aussitôt que ce « principe de la révélation » est reconnu erroné ou insuffisant [1].

C'est précisément l'état actuel de l'esprit philosophique moderne.

Le dogme chrétien n'est plus aux yeux de la foule l'expression de la vérité ; le mithe du péché originel et de la rédemption est devenu par trop insuffisant. La masse populaire n'y croit plus. Et comme le peuple ne peut séparer l'idée de religion de celle de Dieu, il nie tout à la fois la *formule religieuse* et *le principe divin*. Il devient sceptique d'abord puis résolument matérialiste. Si à ce moment une doctrine scientifique vraie ou fausse s'offre à lui, il l'accepte, la suit dans toutes ses conséquences, l'amplifie même au besoin ; son scepticisme prépare admirablement son esprit à exagérer le rôle des forces naturelles dont il fait le principe actif de l'univers ; et le matérialisme se trouve ainsi établi avec toutes les apparences de la vérité expérimentale.

Est-ce bien au développement des théories transformistes que l'on doit cet état de choses, ainsi que le prétendent nos adversaires, et faut-il rendre cette doctrine

[1] Texte littéral. « L'erreur positive absolue, si légère qu'elle soit, est incompatible avec le principe de l'inspiration. » — *Apologie scientifique de la foi chrétienne*, page 97. D'Huillet de Saint Projet.

seule responsable de l'incrédulité et du matérialisme moderne ?

Nous ne le pensons pas. Et nous allons essayer de démontrer que le transformisme ou évolution de la matière est au contraire la seule digue capable de résister au système philosophique le plus décourageant, le plus démoralisant qui se puisse concevoir, c'est-à-dire au matérialisme.

Si le matérialisme, dont la formule pratique est : « la Lutte pour la Vie » et la devise : « Mangez-vous les uns les autres », est arrivé à un si haut degré d'expansion ce n'est pas à la doctrine de l'évolution qu'il faut attribuer son triomphe, mais à l'insuffisance évidente des dogmes religieux modernes.

Ne croyant plus, parce que sa raison ne peut croire, l'homme a cherché d'abord une autre route répondant mieux à ce besoin d'idéal qui est au fond de son cœur. Ne l'ayant pas trouvée, il a douté de son existence ; puis, sollicité par les découvertes d'une science brillante et pleine de promesses, il a définitivement abandonné son premier objectif. Il s'est laissé séduire par les apparences, incapable qu'il est d'aller au fond des choses ; toujours disposé à croire sur parole, et, il faut bien le dire, trouvant dans les formules de cette science une demi-justification de ses instincts, il accepta avec enthousiasme ce qu'il croyait en être les conclusions certaines, c'est-à-dire le matérialisme absolu.

En cela il se trompait.

Pas plus aujourd'hui qu'autrefois, la science ne peut s'ériger en juge suprême du conflit spirituo-matérialiste.

Si, conforme au principe même qui fait sa force, *le transformiste reste sur le terrain expérimental*, il lui est absolument impossible d'affirmer ou de nier de bonne foi l'existence d'un élément immatériel que nous désignons dans le langage usuel sous le nom de « Dieu ».

Lorsque nos adversaires accusent la doctrine de l'évolution d'être l'agent propagateur par excellence de l'athéisme ils commettent donc une erreur que nous nous abstiendrons de qualifier.

En examinant les choses de plus près, on ne tarde pas à reconnaître les véritables facteurs de l'incrédulité moderne.

Ces facteurs sont les suivants :

1° Impuissances des doctrines religieuses ;

2° Connaissance incomplète du système scientifique de l'évolution.

Nous n'avons rien à dire touchant l'insuffisance des doctrines religieuses. Tout le monde sait que le scepticisme le plus complet règne du haut en bas de l'échelle ecclésiastique et que les *augures ne peuvent plus se regarder sans rire*.

Malgré tout le désir de certains hommes éclairés, il est impossible à la religion de modifier les dogmes qu'elle dit révélés, car Dieu étant infaillible n'a pu se tromper en les lui révélant, donc ils sont vrais, partant immuables. La science ayant démontré victorieusement qu'ils étaient aux, tout l'édifice dogmatique s'est écroulé du coup sans restauration possible.

La logique du peuple est beaucoup plus grande qu'on ne le pense généralement. Il ne lui en a pas fallu tant que cela pour douter de la véracité du mithe chrétien ; un fait bien minime nous a montré personnellement combien est délicat le bon sens public. Il s'agissait tout simplement de la substitution du rite romain au rite diocésain. Une personne de la campagne nous fit à ce propos cette réflexion fort sensée : comment se fait-il qu'on ait changé la manière de célébrer la sainte messe puisque c'est Dieu qui a enseigné comment il voulait qu'elle fût dite? Ce changement d'ordre purement administratif a troublé la croyance d'une âme naïve et jeté en elle les premiers germes du doute et de l'incrédulité. Ses conséquences générales ont été grandes et défavorables au clergé.

Donc, la religion par le fait même de sa nature, était destinée à tomber.

Le second facteur de la propagande matérialiste c'est dit-on le transformisme.

Ici nous avons besoin d'entrer dans plus de détails pour disculper notre doctrine. Il nous faut d'abord en rappeler les origines.

Dès les premiers jours de son apparition elle fut considérée comme perturbatrice. La science officielle la rejeta. Le sort malheureux de Lamark est toujours présent à notre esprit. On espéra l'étouffer sous le silence d'abord, puis en interdisant son enseignement.

Néanmoins elle se répandit peu à peu en dehors des sphères purement scientifiques ; alors on chercha à la tuer sous le ridicule. On fit des caricatures représentant l'homme descendant du singe. L'amour propre ainsi mis en jeu arrêta quelque temps l'essort du nouveau système. Récemment on a essayé de reprendre ce vieux procédé et nous nous rappelons avoir entendu une petite pièce de vers dans laquelle l'auteur, anti-transformiste acharné, racontait malicieusement les péripéties ultra-fantaisistes par lesquelles avait passé le protoplasma depuis son origine jusqu'à nos jours. Le clou de la petite pièce était le récit d'une fameuse cabriole à la suite de laquelle un énorme singe avait perdu *sa queue* et gagné *la parole*. C'était très intentionnellement méchant mais complètement inoffensif.

Aujourd'hui la doctrine a pénétré partout mais elle est *mal connue*, incomprise, défigurée dans ses conclusions et c'est là que gît tout le mal.

Pour l'immense multitude, le transformisme a pour conséquence la négation absolue, *scientifiquement démontrée* de l'existence de tout principe immatériel.

Cette conclusion est erronée.

Le transformisme n'est ni spiritualiste, ni matérialiste. Il n'est pas une doctrine philosophique encore moins un dogme théologique.

Il est un système scientifique et ne peut être que cela.

Mais en se diffusant, il devint, entre les mains de ceux qui ne le connaissaient qu'indirectement, une preuve certaine du matérialisme et on en fit un levier politique, merveilleusement adapté aux nouvelles conditions de la vie sociale.

Voilà pourquoi aujourd'hui, plus qu'à tout autre époque, l'évolution universelle de la matière rencontre de nombreux détracteurs et de zélés partisans. Elle est prise par les uns comme un drapeau qu'il faut défendre à tout prix ; par les autres comme une forteresse ennemie qu'il faut frapper sans relâche.

Voilà pourquoi presque toutes les réfutations du « transformisme » ont pour but, apparent ou caché, la défense de la croyance religieuse en général et de la doctrine chrétienne en particulier.

Nous n'avons pas à nous occuper des conséquences que pourra avoir le triomphe du matérialisme dans la société européenne ; question grosse d'orages mais qu'il nous faut laisser de côté en ce moment.

Nous nous bornerons à examiner le rôle du transformisme au milieu de ce conflit d'intérêt et de croyances opposées. Examinons donc si oui ou non le transformisme est une preuve certaine du matérialisme.

Remarquons d'abord que presque toutes les œuvres qui traitent du transformisme, qu'elles émanent d'un spiritualiste ou d'un matérialiste, présentent le grave défaut de mêler à chaque instant l'élément expérimental matériel propre à la science positive impersonnelle avec l'élément philosophique ou religieux spécial à l'état d'âme de l'écrivain.

N'est-il pas cependant évident que quelle que soit la religion à laquelle un savant appartienne sa croyance ne peut en aucune façon influencer les résultats matériels de ses expériences.

Qu'un chrétien, qu'un musulman, qu'un libre penseur, fassent la même analyse chimique et ils trouveront à coup sûr les mêmes proportions élémentaires.

Or, le transformisme n'est qu'une longue suite d'analyses matérielles dont les résultats réunis en un seul faisceau forment la synthèse des mondes.

Nous avons vainement cherché en quoi cette synthèse pouvait porter atteinte aux aspirations des uns et fournir aux autres un palladium invincible.

II. Le transformisme repose, comme toute science matérielle, sur un ensemble de faits certains par expérience, sur un autre ensemble de faits certains par le calcul ; voilà les matériaux dont il dispose. Ayant pour objectif la connaissance complète des propriétés de la matière, il doit l'examiner sous toutes ses faces, aussi bien au repos qu'en mouvement, aussi bien sur terre, que dans l'espace céleste, aussi bien dans le présent que dans le passé.

Le transformisme examine l'infiniment petit et l'infiniment grand. Il interroge la surface et les couches profondes de la terre. Il compare les vibrations les plus subtiles de la matière et les rattache aux mouvements puissants qu'elle manifeste aux yeux de tous.

Il en tire des conséquences, puis des généralités, puis enfin un plan d'ensemble embrassant tout l'univers et formant la base d'une cosmogénie rationnelle et naturelle.

En agissant ainsi, il ne franchit pas les limites de ses possessions naturelles, il ne demande rien à la philosophie, rien à la théologie. Il ne porte aucune atteinte à leur liberté. Ces deux puissances n'ont donc pas à se défendre puisqu'elles ne sont pas attaquées.

Il est bien certain que le transformisme repose sur des bases uniquement matérielles. Il n'existe que par la matière et ne s'occupe que d'elle.

Il en résulte que toutes ses preuves ont pour point initial un fait matériel et doivent conduire à un but également matériel. D'où nous concluons, ainsi que nous l'avons déjà dit dans la première partie de cet ouvrage, qu'une réfutation ne peut avoir prise sur lui, si elle n'est elle-même matérielle dans ses origines, dans ses développements et dans sa conclusion.

C'est par suite d'une de ces confusions de pouvoir, si fréquente à notre époque, qu'un procédé analytique et synthétique de l'élément pondérable universel a été pris pour une formule philosophique, pour un nouveau dogme théologique. C'est là une conséquence assurément fâcheuse de notre esprit.... fin de siècle qui semble vouloir, comme à plaisir, mêler toutes les facultés humaines, toutes les forces, tous les actes, les causes et les effets dans un indescriptible cahos intellectuel et moral.

Le lecteur trouvera probablement que nous mettons trop d'insistance dans la définition de la nature matérielle du transformisme; mais, c'est là le point capital de la question qui nous occupe et nous ne devons craindre ni les longueurs, ni les redites, lorsqu'il s'agit d'établir les premières assises de l'édifice à construire. Il faut tout sacrifier pour les rendre inébranlables. Il faut que tout esprit impartial soit dès à présent convaincu que le transformisme n'est et ne peut être qu'un *système scientifique*.

Voyons donc si ce système scientifique peut constituer une philosophie particulière et s'il peut avoir un caractère théologique quelconque. Pour cela définissons la théologie comme nous avons défini la science.

La philosophie a pour domaine toutes les réalités d'un ordre supérieur, connues par les lumières *naturelles* de la raison. La théologie s'occupe des rapports de la créature avec le créateur, des destinées immortelles de l'homme connues par une lumière supra rationnelle (révélation).

Ces deux définitions nous font voir immédiatement que le transformisme ne peut être philosophique, puisqu'il ne s'occupe jamais des faits intellectuels et moraux, observables à l'aide de la *conscience seule*.

Il est encore moins théologique car les rapports de la

créature avec le créateur ne peuvent s'analyser dans une expérience de laboratoire. Donc notre système cosmodynamique [1] ne relève ni de la philosophie, ni de la théologie.

Maintenant retournons pour ainsi dire le problème et examinons si la philosophie et la théologie peuvent se servir de lui à un titre quelconque.

La philosophie, comme chacun sait, est divisée en une foule de systèmes qui tous prétendent expliquer les faits moraux et intellectuels, observables à l'aide de la conscience seule. Les décrire nous mènerait trop loin ; nous prendrons les deux pôles extrêmes : le spiritualisme et le matérialisme.

Le premier reconnaît une puissance intelligente, direc-

[1] Nous demandons là permission d'introduire dans la science un terme nouveau : celui de cosmodynamique, au lieu de cosmogénique, car l'étymologie a des règles qu'il ne faut pas enfreindre sous peine de tomber dans la confusion. Cosmogénique signifie strictement, d'après le sens des mots grecs qui le compose : « système », *qui décrit la génération de l'univers,* parce que COSMOS signifie univers et GENNAÔ, j'engendre, je produis.

Or, le transformisme ne peut remonter jusqu'à la cause de l'univers. Il le prend à sa naissance, mais sa conception reste un mystère pour lui.

Le mot : cosmodynamique, qui a pour racines COSMOS, univers, et DUNAMYS, force, traduit exactement l'ensemble des phénomènes de l'évolution, car ces phénomènes constituent une suite de mouvements se *tfransormant* les uns dans les autres en produisant des *forces* variables en grandeur, direction ou nature, agissants sans cesse depuis la naissance jusqu'à la mort de chaque unité sidérale. — R. C.

trice de l'univers. Cette intelligence infinie et indéfinie nous la nommons Dieu.

Le matérialisme, par un raisonnement inverse, nie toute espèce de principe divin. Il affirme que la matière se suffit à elle-même et qu'elle se gouverne par ses propres forces.

Le transformisme peut-il servir d'argument décisif à l'un ou à l'autre?

Supposons la doctrine de l'évolution prouvée dans toutes ses parties. La vie trouve sa source dans le protoplasma, qui lui-même n'est qu'une combinaison de quatre modes[1] particuliers de la matière terrestre. Cette matière terrestre n'est qu'une infime partie des atomes qui ont constitué la masse solaire primitive. Cette masse, à son tour, a pour origine le nuage cosmique informe, et, si nous voulons rester conséquents avec nous-même, *absolument homogène.*

C'est ici que commence la difficulté. De deux choses l'une : 1° ou cette homogénité a été rompue pour commencer l'évolution par une cause extérieure à elle-même; 2° ou elle s'est rompue sous sa seule influence.

Si nous admettons la première solution, nous tombons dans le spiritualisme, car on aura beau objecter que cette homogénité de la nébuleuse originelle de notre univers a été rompue par le passage ou le voisinage d'une autre masse matérielle, agissant sur elle par attraction. L'ob-

[1] Oxygène, hydrogène, azote, carbonne et de petites quantités des autres corps simples, principalement le phosphore et le soufre.

jection tombe d'elle-même si on veut bien réfléchir que l'évolution ne s'applique pas seulement à notre univers (voie lactée), mais à tous les univers qui composent le cosmos infini et éternel. Et que notre point de départ s'applique précisément à ce cosmos que nous supposons à ce moment initial homogène dans toute son étendue. Rien de matériel ne peut donc venir troubler son équilibre primitif.

Si, pour échapper à cette nécessité d'une intervention supra-matérielle et par conséquent divine, nous choisissons la seconde solution, alors nous nous trouvons en contradiction avec l'une des affirmations les mieux prouvées de la science : l'inertie de la matière.

Ce principe vérifié cent fois pour une, cette propriété sur laquelle nous établissons toutes nos formules mécaniques, nous dit que la matière ne peut se mouvoir d'elle-même et qu'une fois en mouvement elle ne peut ni modifier ce mouvement, ni le détruire. Donc, si nous admettons que la matière primitivement homogène s'est organisée mécaniquement toute seule, nous lui accordons une faculté qui est contredite à chaque instant par la science expérimentale.

Il faut sacrifier le principe de l'inertie ou renoncer à cette deuxième solution du problème originel de l'évolution.

Dans l'état actuel de la science rien ne nous autorise à faire un choix motivé entre les deux termes du dilemme.

L'origine initiale, ou, pour nous exprimer avec plus

de précision, *la cause qui a rompu l'équilibre primordial de la matière nous est scientifiquement inconnue.*

Donc le transformisme ne peut servir d'argument décisif à aucun système philosophique.

Passons maintenant à la théologie. Elle peut être examinée sous deux aspects selon qu'elle s'occupe de l'Être divin considéré en lui-même et pour lui-même, ou selon qu'elle s'occupe des rapports pouvant exister entre Dieu et les hommes, ou d'une façon plus générale entre le Créateur et les créatures.

Nous venons de montrer que le transformisme était impuissant à trancher la question de l'existence ou de la non existence de Dieu ; à plus forte raison deviendra-t-il complètement incompétent dans les recherches concernant les attributs d'un principe immatériel dont il ne peut pas affirmer ou nier la réalité.

Si nous passons aux rapports du Créateur et de la créature, nous voyons, sans qu'il soit nécessaire de fournir la moindre démonstration, qu'il ne peut y avoir aucun point commun entre le transformisme expérimental et une suite de phénomènes impliquant avant tout un acte de foi.

Donc le transformisme ne peut servir d'appui à aucun dogme, ni être pour aucun d'eux une cause de ruine ; car la plus élémentaire des probités consiste à appliquer aux autres les règles dont nous exigeons l'observation envers nous-même. Nous devons reconnaître *que les arguments théologiques ne peuvent avoir pour juges que les théologiens;* or, les savants (en tant qu'hommes de laboratoire) ne sont pas et ne peuvent pas être des théologiens.

III. Le système de l'évolution universelle de la matière ne peut intervenir dans les questions religieuses que dans un seul cas : celui où les rapports du créateur et de la créature se manifestent par un phénomène interrompant ou changeant momentanément l'enchaînement des lois de la matière : c'est-à-dire par un miracle.

On conçoit que la science et la science seule est capable de se prononcer sur la nature du fait accompli, et qu'elle seule a qualité pour le faire, car le miracle n'est, au fond, qu'une expérience dans laquelle les données sont en discordance avec les résultats.

Pour être reconnu vrai, il ne suffit pas que le phénomène qualifié miraculeux soit affirmé par la multitude, il faut qu'il soit déclaré exact par les hommes capables de le juger.

Ainsi, par exemple, on annonce qu'un homme est ressuscité par l'intervention d'une puissance divine, sur la demande expressément formulée d'un autre homme qui se dit prophète.

Le fait est miraculeux, s'il est vrai.

Il faut donc, avant tout, prouver qu'il est vrai [1].

[1] Les conditions requises pour qu'un miracle soit scientifiquement

Que fera-t-on? Devra-t-on s'en rapporter au témoignage de la foule?

Non, car chacun sait combien la foule est facile à mystifier.

Il faudra nommer une Commission de médecins et d'hommes de science qui examineront les conditions, les circonstances, l'entourage, l'état des esprits, en un mot tout ce qui a précédé la prétendue résurrection.

Si après cet examen, ils déclarent que les lois de la nature ne peuvent l'expliquer il y aura de fortes présomptions pour que le miracle soit réel, mais il n'y aura pas encore de certitude absolue, pour deux raisons :

La première parce que *toutes* les lois de la nature ne sont pas connues ; la seconde parce que la Commission peut se tromper.

Dans le premier cas il est évident que le miracle n'est qu'apparent : il résulte de l'ignorance relative de l'humanité ; mais aussitôt que cette ignorance cesse, le fait qualifié miraculeux rentre dans le domaine des faits ordinaires. Pour écarter cette cause, qui empêchera presque toujours l'homme de science de certifier la réalité d'un miracle, il faudrait que ce miracle se manifeste par une contradiction dans l'enchaînement des faits usuels dont l'ordre est indubitablement connu. (Les thaumaturges n'ont que l'embarras du choix. Nous nous permettrons de leur indiquer quelques sujets d'expériences : 1° changer

prouvé sont décrites avec une extrême précision par Renan, *Vie de Jésus*, préface.

la relation mathématique qui existe entre la température de la vapeur d'eau et la pression qu'elle supporte ; 2° changer d'une façon considérable la densité d'un corps et la faire varier au commandement du simple au quadruple par exemple).

Dans le second cas, la Commission se mettra en garde contre elle-même en exigeant du thaumaturge le renouvellement du miracle.

S'il s'y refuse, l'imposture est certaine, car dans le domaine du surnaturel il n'y a rien de facile ou de difficile, tout est simplement possible ; et en plus, le miracle ayant précisément pour but de convaincre les incrédules, c'est devant eux qu'il doit être réalisé. C'est devant la Commission qui témoignera publiquement de sa véracité que le thaumaturge a principalement intérêt à montrer sa puissance. Il n'a donc pas la moindre excuse s'il tente de se soustraire à sa juridiction.

Si maintenant nous passons en revue les miracles que l'histoire nous rapporte, il est facile de se convaincre que aucun d'eux *(pas un seul)* n'a subit l'épreuve du contrôle scientifique. Tous sont des faits naturels considérés comme miraculeux parce que le peuple qui les voyait ne pouvait en connaître la cause véritable, ou bien de simples légendes.

Nous n'aurions pas tant insisté sur ce point, si aujourd'hui une nouvelle religion ne cherchait, elle aussi, dans le miracle, un moyen de recruter des adeptes.

Nous voulons parler des néo-spiritualistes, ou pour éviter tout équivoque des spirites.

D'après eux, les esprits ont le pouvoir de communiquer avec les vivants, et ils affirment que les médiums (c'est le nom des prêtres de ce nouveau culte) ont le pouvoir de les faire apparaître et de se faire enlever de terre.

Comme preuve ils montrent des photographies sur lesquelles les esprits ont laissé leur image.

Nous avons vu quelques-unes de ces photographies présentées à la vénération des fidèles; nous avouons que nous n'avons pas été convaincu et même que nous avons eu beaucoup de peine à rester sérieux en face de cette amusante mystification.

Ces portraits d'*esprits désincarnés* ne sont qu'un *truc* que les amateurs de drôleries photographiques connaissent parfaitement. Ils en font une agréable distraction, mais rien de plus.

Le fait de la suspension des corps humains [1] (lévitation) s'il était vrai, constituerait un miracle réel, car il serait l'annulation momentanée d'une des lois les plus certaines de la matière, la pesanteur; mais, jusqu'à présent, malgré l'affirmation de certains savants, le fait n'a jamais été scientifiquement démontré.

Nous avons particulièrement étudié cette question du

[1] Consulter à ce sujet le livre du commandant de Rochas, *Les Forces non définies*. Le lecteur y trouvera la description de tous les cas de lévitation actuellement connus (???) et les expériences de M. Crook, ainsi que les principaux phénomènes de l'hypnose et de la suggestion.

miracle anti-gravique et nous ne craignons pas de mettre les spirites au défi d'exécuter devant nous une seule expérience de suspension des corps ou même de changement de poids des corps.

Nous sommes certains d'avance que le défi ne sera pas relevé et qu'aucun médium ne tentera de changer les lois de la pesanteur en présence d'une Commission dans laquelle nous aurions tout droit de contrôle.

Les faits d'hypnotisme et de suggestion dont on s'occupe tant en ce moment sont d'une toute autre nature. Ils sont du domaine de la science expérimentale, de la médecine en particulier, et ne sont nullement miraculeux. Jusqu'à présent leur mécanisme est mal connu, mais on peut leur appliquer à coup sûr l'axiome organique du docteur d'Arsonval déjà cité : « *Tant vaut la cellule cérébrale humaine, tant vaut la pensée qui en sort* ».

Ainsi, dans le seul cas où la science et la théologie se trouvent avoir un terrain commun, c'est-à-dire dans l'examen des rapports du Créateur et de la créature *manifestés par des phénomènes matériels*, la science interrogée répond que le miracle n'est peut-être pas impossible ; mais que jusqu'à présent, il n'y en a pas un seul dont elle puisse attester la réalité.

RÉSUMÉ ET CONCLUSIONS

Nous voici arrivés au terme de notre voyage : nous avons exploré tout l'univers depuis l'immensité des espaces célestes jusqu'à l'infime réunion d'atomes constituant les éléments matériels de tous les corps. Partout nous avons constaté que le *mouvement* résultait d'un échange de *forces* et nous en avons conclu que dans l'univers « rien ne se perd, rien ne se crée, tout se transforme incessamment ».

Ensuite, spécialisant notre étude nous avons isolé un des modes particuliers de ce mouvement. Nous l'avons vu naître dans le protoplasma, nous avons suivi son développement dans la chaîne organique, nous avons reconnu son intensité considérable dans l'être humain ; mais nous n'avons pas assisté à sa disparition.

Ce mode spécial du mouvement universel, c'est la pensée dans ses diverses manifestations de l'instinct, de l'intelligence et du génie.

C'est cette force sensitive qui a d'abord groupé les animaux, c'est elle qui a formé les premières agglomérations humaines, c'est elle qui anime nos sociétés et leur donne la vie intellectuelle c'est-à-dire, la conscience de ce qu'elles sont et le désir d'être mieux.

Ce désir a poussé les hommes à s'organiser en différentes façons. Ici le mouvement intellectuel absorbant à son profit toutes les autres forces de l'énergie organique, l'agglomération est devenue idéaliste et mystique; dans d'autres, au contraire, la matière est restée prédominante; la pensée y a été pour ainsi dire étouffée et les populations sont demeurées asservies par les besoins purement fonctionnels.

On conçoit qu'entre ces deux solutions radicalement opposées, beaucoup d'autres ont trouvé place; ainsi ont pris naissance toutes les formes de gouvernement et tous les systèmes philosophiques, depuis le simple patriarcat jusqu'aux savantes constitutions modernes; depuis le fétichisme presque inconscient, jusqu'aux dogmes les plus compliqués.

Et tous ces systèmes, et toutes ces constitutions sociales s'écroulent tour à tour depuis des milliers d'années, sans que l'humanité ait trouvé la forme stable après laquelle elle aspire.

Aujourd'hui comme jadis, la société se débat entre ces attractions constitutionnelles qui la sollicitent en sens opposé. Dans le domaine de la pensée pure, elle oscille entre le matérialisme et le spiritualisme; dans celui de la matière, elle hésite entre la puissance absolue d'un autocrate et le gouvernement de tous par tous, c'est-à-dire le système républicain.

Enfin, dans les temps modernes, nous voyons surgir ou plus exactement prendre tout à coup une expansion énorme, un nouveau facteur du mouvement. Ce facteur c'est une unité artificielle, spéciale à l'espèce humaine; c'est la possession du signe représentatif du travail accumulé ; c'est, pour le désigner par un mot usuel mais complètement impropre, *le capital.*

En résumé, l'homme moderne, quelle que soit sa nationalité, est constamment soumis aux conséquences et aux fluctuations de trois grandes séries de phénomènes moraux, sociaux et personnels. Il faut qu'il subisse (car, l'homme, en tant *qu'individu*, est sous la dépendance directe du principe qui domine la Société dont il fait partie), il faut disons-nous qu'il soit religieux ou athée, autocrate ou républicain, riche ou misérable.

Ici nous devons nous rappeler le deuxième axiome social posé par Lamarck dès 1809 :

« *La recherche continuelle des vérités auxquelles l'homme social peut espérer de parvenir lui fournira seule le moyen d'améliorer sa situation et de se procurer la jouissance des avantages qu'il est en droit d'attendre de son état de civilisation* ».

Qu'on fait les dominations passées pour assurer le bonheur de l'homme[1] ?

[1] « On oublie que la Société est faite pour les particuliers; qu'elle n'est instituée que pour proteger les droits de tous, en assurant l'accomplissement de tous les devoirs mutuels ». — Turgot cité par M. Lévrier, avocat général : *des Origines de l'idée de solidarité sociale et d'assistance dans la législation.* (Audience solennelle de rentrée, 4 novembre 1884). Rouen.

L'élément théocratique a régné en maître absolu, il a eu tout le temps de faire ses preuves. Qu'a-t-il produit? — Rien.

L'élément autocratique, qu'il s'appelle royauté, empire, tyrannie ou féodalité, n'a donné aucun bon résultat.

L'élément scientifique d'où d'écoule la richesse publique sous toutes ses formes, vient à peine d'éclore, car nous ne pouvons le faire remonter, en tant que force sociale, au delà de la renaissance, et déjà son action se manifeste puissamment. Grâce à lui le bien-être, réservé naguère à quelques privilégiés, se diffusera de plus en plus, jusqu'au moment où tout être humain pourra jouir en paix des *avantages qu'il est en droit d'attendre de son état de civilisation.*

L'âge d'or et la fraternité des peuples sont devant nous et non pas en arrière, comme le disent les vieux cosmographes. Ayons donc foi dans cet avenir qu'éclaire l'aurore de la liberté; dans cet avenir où nos heureux descendants trouveront, après la lutte inévitable, la récompense de leurs propres efforts et des nôtres.

Alors, dans leurs chants d'allégresses, ils célèbreront la gloire de ceux de leurs ancêtres qui, comme Lamarck et les martyrs du moyen âge, ont sacrifié leur existence pour leur assurer le bonheur.

II. Partis de la nébuleuse informe, premier stade de l'évolution universelle, nous nous sommes élevés peu à peu jusqu'à l'homme, sommet terrestre de la perfection matérielle.

En le montrant aux prises avec le milieu où il s'agite, nous avons terminé notre œuvre scientifique, et la fin du chapitre précédent devrait logiquement clore ce volume. Mais en nous arrêtant là, on nous accuserait, comme on l'a déjà fait d'ailleurs, de ne pas oser conclure d'une façon suffisamment précise, en d'autres termes de cacher notre drapeau.

Ce n'est pas notre habitude.

Si le lecteur veut bien se reporter à notre préface, il comprendra que la primitive « synthèse du transformisme », celle qui était destinée à rester dans le cercle d'une Société *scientifique,* ne pouvait être que *scientifique.*

Nous l'avons maintenue strictement dans les limites qu'elle ne devait pas franchir, et cela non par discrétion pour les opinions de telles ou telles personnes, *mais par respect pour les statuts et le caractère de la Société qui nous faisait l'honneur de nous accorder la parole* [1].

Amant passionné de la nature, nous recherchons le silence favorable à l'étude et à la méditation, nous

[1] « Après la minutieuse exposition astronomique qui nous a été faite, nous attendions une conclusion qui n'est pas venue par discrétion, je pense, vis-à-vis des membres de la Société, qui, en admirant les lois de la nature, font remonter à plus haut qu'elles l'impression de respect et le juste tribut d'hommages qu'ils ont la prétention d'adresser à la cause intelligente qui a peuplé l'espace ». *Examen critique des théories évolutionnistes,* Dr Louis Boucher. *Bulletin de la Société libre d'Émulation,* 1891.

voulons la paix et nous détestons la guerre; mais nous ne la craignons pas. Nous entendons être libre dans notre laboratoire et cette liberté nous saurons la défendre. Attaqué, nous repousserons toujours l'invasion par l'invasion.

Mauvaise méthode diront quelques âmes éminemment charitables que de rendre ainsi le mal pour le mal. Cela est vrai souvent; mais dans certains cas, la générosité passe pour de la faiblesse et constitue un péril.

Quel est celui d'entre vous, lecteurs, qui pousserait la compassion envers les animaux jusqu'à ranimer un serpent au venin mortel? Aussi, sortant résolument du domaine incontestable de la science, ne parlant plus au nom de tel ou tel système, dégagé de tout lien, étant nous même et rien que nous, nous allons examiner la validité du mandat social de cette force qui prétend traiter le savoir humain comme jadis elle a traité les peuples et les rois; de cette puissance théocratique qui s'arroge le droit de tout juger et de tout punir.

Réservant pour un autre moment notre étude du transformisme considéré dans ses rapports avec les institutions sociales, parce qu'elle est trop longue pour trouver place ici; nous nous contenterons d'affirmer encore une fois, afin de dissiper tous les doutes, que le *système de l'évolution* n'est pas un dogme, qu'il compte parmi ses membres des matérialistes et des spiritualistes (A), et que

(A) Voir à l'appendice les notes A B C, D.

pour notre part nous croyons fermement en l'existence d'une intelligence immatérielle, que nos faibles moyens ne nous permettent pas d'analyser (B).

Nous ne rougissons pas de croire en Dieu (C); mais nous renions ses ministres et les fantômes qu'ils ont inventés.

D'où vient donc le clergé? Est-il divin ou humain? Peut-il montrer les titres qui lui donnent le droit de dire « non pertinet ad sacram doctrinam probare principia aliarum scientiarum sed solum *judicare* de eis [1] ».

Examinons ses origines :

La pensée, aussitôt qu'elle a eu conscience d'elle-même, a imaginé des unités abstraites et les a douées de propriétés plus ou moins analogues à celles qu'elle constatait dans la matière. Puis elle a personnifié toutes les forces naturelles, et, de ces personnages occultes, elle a fait des puissances (démons, esprits) qu'on pouvait appaiser en récitant certaines formules ou prières et surtout en leur offrant des présents.

Naturellement entre ces divinités et leurs adorateurs vint se placer un intermédiaire chargé de transmettre les prières et aussi d'utiliser les dons.

Cet intermédiaire c'est le prêtre.

Tous les prêtres d'un même dogme forment un clergé.

[1] Consulter l'*Apologie scientifique de la Foi chrétienne*. Introduction générale, chapitre III, § 4. Division des pouvoirs, droits et devoirs respectifs. D'Huillet de Saint-Projet.

Ce clergé a toujours abusé de la situation mystique qui lui était faite par la foule; dès la plus haute antiquité les prêtres s'emparèrent du pouvoir temporel et lui donnèrent une force que nul autre système de gouvernement ne put égaler.

Se disant les élus de Dieu, ils se déclarent tout puissants sur la terre et usent avec une suprême audace de ce pouvoir absolu.

La théocratie se révèle immédiatement comme le plus tyrannique de tous les régimes.

Le clergé romain ne devait pas faire exception à la règle générale. Les éléments qui le constituèrent dès sa naissance et le milieu dans lequel il évolua ne firent que développer en lui ce penchant à la domination.

Le système qu'il organisa pour régner sur le monde laisse bien loin en arrière tout ce que les précédentes religions avaient imaginé. Héritier de la société romaine, il perfectionna à son profit le mécanisme administratif que celle-ci lui léguait.

Il imagina d'abord une hiérarchie de fonctionnaires qui, sous divers noms, eurent pour mission de renseigner le chef suprême sur ce qui se passait dans les provinces de son empire sans cesse grandissant. Il couronna son œuvre en inventant un moyen infaillible de connaître les actes les plus infimes, les pensées les plus cachées de ses nombreux sujets, rois ou manants. La confession, pour l'appeler par son nom, fut pour lui une police secrète qui ne grevait point son budget, chacun étant tour à tour espionneur et espionné. Par la confession, la femme se transforma en agent de révélations intimes; au confessionnal les enfants devinrent de terribles dénonciateurs. Et ce prêtre, que le monde considère comme le représentant de la bonté divine, n'est plus, aux yeux de l'analyste désabusé, qu'un vulgaire agent centralisant dans son officine les secrets des turpitudes humaines, pour en tirer de gros profits.

Que nous sommes loin, hélas! de la doctrine de Jésus, si humble et si majestueuse!

L'homme de Dieu, le prêtre qui remplit avec conviction son ministère divin a certainement droit à l'estime publique, et nous même nous nous inclinons respectueusement devant lui; mais, quand cet homme, sortant de ses attributions, devient l'instrument aveugle d'un pouvoir central, sceptique et cupide, quand il vend ses prières au lieu de les répandre à pleines mains sur ceux qui les implorent, il cesse d'être vénérable, il n'a droit qu'à cette considération banale qu'on accorde au commerçant écoulant sa marchandise au plus juste prix.

S'il s'écarte encore d'avantage de son vrai rôle, s'il devient un homme politique, oh! alors, complètement déchu de sa haute mission, dépouillé de tout prestige, il n'est plus qu'un bulletin qu'on utilise en certains jours.

Tel est l'état actuel du clergé. Enfermé dans ses dogmes comme dans une cage de fer enchaînée au rivage, il rugit et se débat contre le flot scientifique qui le submerge lentement (D).

Il agonise :

Détruit au point de vue théologique, car le peuple ne croit plus, il profite encore de sa puissante ossature administrative pour se cramponner au pouvoir temporel et jouir des biens qui s'y rattachent. Il se constitue en parti politique, souple, insinuant, prêt à bénir [1] toutes les compromissions, toutes les formes de gouvernement que le peuple lui imposera, pourvu qu'il en tire bénéfice.

Un homme puissamment fort a dit : *le cléricalisme voilà l'ennemi*, jamais parole n'a été plus vraie. Aucun gouvernement ne sera libre tant qu'il aura à côté de lui cette hiérarchie qui n'est religieuse que de nom ; mais en réalité sensuelle et dominatrice.

Le premier devoir de tout républicain est de lutter contre cet ennemi inné de la liberté et de la dignité humaine. Pour notre part nous ne faillirons pas à ce que nous considérons comme une obligation sociale. Respectueux du représentant de la religion, quand il remplit son ministère, nous ne souffrirons pas qu'il empiète sur les terrains scientifiques ou politiques qui lui sont étrangers et qu'il ne devrait connaître que de nom.

Instruit par les enseignements de l'histoire, instruit par notre propre expérience, troublé dans nos affections les plus chères de la vie de famille, attaqué dans notre

[1] Le clergé bénit tout.
. . . . Le chaca.
Est béni dans sa faim, s'il est pontifical.

Victor Hugo.

œuvre publique, nous avons pu estimer en toute connaissance de cause la valeur sociale, morale et politique du clergé romain et notre jugement le voici :

Si la France veut rester libre, si la République veut jouir en paix du fruit de vingt ans de rudes labeurs, il faut qu'elle brise la *puissance administrative* [1] du clergé, car « le cléricalisme voilà l'ennemi ».

[1] Nous entendons par *puissance administrative :* la force que le clergé tire de son organisation en paroisse, dioceses, évêchés, etc., etc., organisation qui en fait un gouvernement théocratique toujours prêt à battre en breche le pouvoir séculier. Ce sont les rouages de ce gouvernement qu'il importe de fausser pour en paralyser le fonctionnement general ; et cela peut se faire sans coup de force, sans explosion violente. En agissant sur ses organes essentiels, *lentement mais avec science et fermeté*, on arriverait au résultat désiré sans porter atteinte au sentiment religieux individuel qui doit toujours être respecté.

R. C.

APPENDICE

(A) Nous n'avons pas la prétention de diviser en deux camps ennemis les partisans de la doctrine de l'évolution. Nous citons les noms suivants à titre d'exemples d'opinions personnelles librement exprimées.

I. Parmi les matérialistes :

De Lanessan, Hœckel, Strauss, Buchner, H. Gadeau de Kerville et presque toute l'école allemande.

Nous citons Buchner, dans la phrase prise comme exemple par l'auteur de l'*Étude critique des théories de l'évolution.*

« La meilleure chose, la plus utile que l'homme puisse laisser de lui-même en mourant, c'est une plus grande quantité de phosphate de chaux, de sels rares et féconds destinés à former une plus riche association de molécules et par là augmenter le bien être du genre humain ». Buchner.

Et cette autre que nous trouvons citée par M. H. Gadeau de Kerville : « Tout au contraire, l'idée du néant ou de la cessation de la vie individuelle n'a rien d'effrayant pour l'homme nourri des principes de la philosophie. L'anéantissement, c'est le repos parfait, la délivrance de toute douleur, l'affranchissement de toutes les impressions qui tourmentent le corps et l'esprit ; il n'est donc pas à redouter, mais bien plutôt à désirer, quand la vie touche à son terme normal et que la vieillesse arrive avec son cortège inévitable d'infirmités ». BUCHNER.

H. GADEAU DE KERVILLE. — En faisant plusieurs emprunts à cet auteur, nous avons principalement pour but de montrer la loyauté avec laquelle les évolutionnistes expriment leur déférance pour les sentiments religieux de leurs adversaires philosophiques.

« Si je croyais un seul instant que ces idées puissent être nuisibles au bonheur de l'humanité, ces pages, je le déclare hautement, ne seraient jamais sorties de ma plume. A quoi bon, d'ailleurs, ces inutiles révoltes de l'intelligence et ces vaines lamentations contre les lois inéxorables de la nature; ces élans du cœur et de l'esprit vers un bonheur inconnu que l'on ne peut atteindre; ces aspirations à une autre vie qui n'existe pas? Acceptons au contraire, sans murmure, toutes les réalités, quelques désolantes qu'elles puissent être, puisque rien au monde ne saurait nous y soustraire. » ... « Je réprouve donc hautement les tentatives que l'on pourrait faire pour détruire les idées religieuses en employant la contrainte et la violence. Quand elles sont sincères, toutes les convictions religieuses sont éminemment respectables, et nous ne devons les combattre qu'avec la plus grande déférence et la plus grande modération. »... « Après la mort, la partie vraiment immortelle de l'homme, la partie minérale, sert de nourriture aux plantes, puis les plantes sont mangées par les animaux, les animaux par l'homme, et ainsi se perpétue, par l'action des forces physico-chimiques, l'éternel mouvement de la matière. — Cinquième causerie sur le transformisme, 1886 ».

II. Passons aux spiritualistes :

Camille Flammarion. — Les écrits de cet auteur si sympathique sont entre les mains de tout homme désireux d'éprouver les jouissances intellectuelles que procure l'étude de la nature. Il y aurait des pages entières à citer. Nous ne pouvons le faire et nous nous contentons de reproduire une simple note de son *astronomie populaire*, dans laquelle il proteste contre l'invasion du matérialisme.

« L'aspiration de l'esprit humain vers la vérité, vers la *conception du beau* dans la nature, vers le progrès indéfini, constituant le fait le plus caractéristique de l'histoire de l'humanité, n'est-il pas singulier de voir à notre époque un écrivain consacrer sa vie entière à essayer de démontrer que « l'humanité c'est de la viande ? » N'est-il pas plus bizarre encore de voir un grand nombre de Français admettre cette définition ? » *Ast. popul.*, p. 677.

Edmond Perrier. — Nous ne pouvons résister au désir de citer, in extenso, les deux dernières pages de l'admirable livre intitulé *Les Colonies animales*. Irréfutables au point de vue scientifique, elles transportent notre pensée dans un monde idéal et sublime. Et si cet idéal n'est qu'un rêve nous le préférons encore à la réalité, car il nous aura procuré, avant notre entrée dans le néant que nous montrent les matérialistes, une somme de jouissances qui n'est pas à dédaigner.

Cet idéal (hypothétique parce qu'il est indémontrable expérimentalement) donne un but au mouvement universel qui, sans lui, nous apparaît comme une gigantesque inutilité. Sans une espérance quelconque, sans un désir, dépouillée de toute aspiration vers un *au-delà* inconnu, la vie humaine n'est plus qu'une farce sinistre qui commence sur un lit et finit dans un trou. Puisque le néant est si désirable, il ne nous reste qu'à nous suicider pour en jouir de suite.

Désertion individuelle, désertion familiale, désertion sociale, telles sont les conséquences inévitables du plus navrant de tous les dogmes : la croyance au néant.

Voici les deux dernières pages des *Colonies animales*, vraies et simples elles ont la splendeur du beau.

« Entre ces lois et celles qui président au développement des sociétés humaines, il serait facile de signaler plus d'une ressemblance. Ne semble-t-il pas voir l'image exacte de l'évolution que nous venons de tracer dans la lente et graduelle marche ascensionnelle de l'humanité vers la civilisation ? N'est-ce pas aussi par la division du travail offrant aux aptitudes diverses les moyens de se développer, par la coopération, la solidarité, une liberté tempérée par la loi, une discipline respectée de tous, une coordination graduelle de toutes les forces sociales, que l'humble peuplade sauvage arrive à acquérir la richesse, la puissance et l'unité de nos grandes nations modernes ? Il serait évidemment oiseux de chercher dans les organismes résultant de cette évolution une ressemblance avec telle ou telle forme de gouvernement. Pour les peuples comme pour les organismes ce qui importe avant tout, c'est un mode de liaison des parties propre à assurer, dans des conditions données, *la plus grande prospérité possible à l'association comme aux individus qui la composent* : les formes d'association les plus diverses ont des chances égales de durées, si elles sont appropriées aux qualités particulières des individus et au milieu dans lequel ils sont destinés à passer leur vie. La sélection naturelle se charge d'éliminer celles qui ne satisfont pas à cette double condition, ou qui ne *savent pas* se plier aux variations incessantes du milieu. Les espèces les plus parfaites d'une époque disparaissent à l'époque suivante, de même que *les nations se succèdent dans la domination du monde;* et sur toutes ces ruines s'édifie lentement le progrès des organismes comme celui des peuples.

» Des ruines ! Est-ce bien là cependant le dernier mot? De cet effort constant, de ce gigantesque travail qui a permis à la substance vivante de s'élever jusqu'aux superbes hauteurs de l'intelligence humaine *ne doit-il rien rester?* Nous dont tous les efforts tendent vers le bien. qui nous abandonnons tout entiers à notre ardent amour pour le vrai, qui sentons vibrer la passion du beau dans toutes les fibres de notre être, pouvons-nous croire que nos travaux, nos émotions sublimes, nos dévouements généreux, tout ce que notre esprit ressent en lui de noblesse, de grandeur, d'aspirations vers l'infini, pouvons-nous croire que tout cela viendra s'évanouir dans les ombres du tombeau? Au nom des grandes doctrines qui tentent de soulever un coin du voile étendu sur l'origine des choses, devons-nous condamner, comme de vaines illusions, les consolantes croyances à une durée plus grande que celle de notre vie, à une sanction de nos actes plus élevée que celle dont les couronnent nos luttes quotidiennes?

» **Rien ne conduit dans la doctrine de l'évolution, rien ne conduit dans la doctrine de l'unité de la force, de l'unité de la matière à ne voir dans l'homme qu'une combinaison passagère, éminemment périssable.**

» S'il est possible, comme nous le disions tout à l'heure.

que les mouvements vitaux de la matière se transportent à l'éther, pourquoi ces mouvements éthérés, s'éteindraient-ils avec la vie qui est leur cause? La disparition d'une étoile arrête-t-elle le mouvement des rayons de lumière que l'astre a, depuis sa formation, lancés dans l'espace? Pourquoi ne pas admettre que durant la longue évolution historique du corps humain, l'âme humaine, siège de la conscience, s'élaborait à son tour, résumant et conservant ce *qu'il y avait de plus harmonique* dans les mouvements vitaux? Pourquoi tous les efforts de notre raison en lutte contre les passions qui se déchaînent en nous, pourquoi toute la somme de volonté dépensée à la conquête de ce que nous nommons la vertu, pourquoi tous les sacrifices que nous faisons pour agrandir les horizons de l'esprit humain n'auraient-ils pas pour conséquence d'harmoniser les mouvements de notre âme et d'en assurer la durée? Quelle plus grande récompense l'esprit humain peut-il rêver que celle de contempler, dans la jouissance qu'il acquiert après la mort des vérités dernières, dans la confiance absolue d'une durée sans limite, l'œuvre même qu'il a accomplie sur la terre?

» Êtres chéris dont la mort a touché le front, il nous plaît de penser que votre existence bénie a obtenu ce suprême couronnement, que vous pouvez ressentir encore l'affection que nous vous gardons au fond de nos cœurs et que votre pensée radieuse ne s'est pas éteinte pour jamais, alors que se conservent éternellement dans l'éther infini les vibrations de l'étoile qui luit aux cieux. » EDM. PERRIER, 1881.

(B) Nous avons déjà exprimé bien des fois nos convictions spiritualistes. L'auteur de l'*Etude critique des théories de l'évolution* ne pouvait les ignorer puisqu'il en fait la citation; mais ... il ne cite que le membre de phrase qui lui convient, sans s'inquiéter de savoir s'il suffit pour faire connaître le véritable sens de nos paroles.

Voici le texte complet, extrait de notre « introduction à l'*Etude du transformisme*. — Première leçon du cours public et gratuit de Cosmographie générale, 1886. »

Après avoir parlé des conséquences morales et sociales du matérialisme moderne, nous terminions en disant :

« J'espère, Messieurs[1], dans le cours que je vais avoir l'honneur de professer sur votre patronage, pouvoir démontrer aisément que la conclusion inévitable, fatale, du transformisme, n'est pas la proclamation de ce matérialisme décourageant; mais qu'au contraire, cette théorie nous conduit par une route large et facile à une interprétation très élevée de la nature; à un plan tout à la fois vaste et simple de la structure d'un univers gouverné par des lois immuables; puis enfin... à un abîme qu'on ne franchit qu'avec la mort, mais au-delà duquel nous apercevons dans un horizon lumineux le séjour de Dieu et des âmes.

» Donc, dans tout ce que nous dirons ou écrirons sur le transformisme, nous ne nous occuperons jamais des croyances religieuses touchant la divinité et l'immortalité de l'âme, parceque nous pensons que ces croyances respectables appartiennent à un ordre d'idées que la méthode expérimentale ne peut atteindre; mais nous analyserons et discuterons sans scrupules et sans parti pris tous les textes

[1] Nous nous adressions à Messieurs les Membres de la Société libre d'Émulation du Commerce et de l'Industrie.

cosmogéniques quels que soient leurs provenances et leur caractère. »

Dans un travail précédent *Essai sur les causes de la production du son dans les téléphones*. Considérations générales sur les fluides impondérables et sur la matière, 1879, nous exprimions les mêmes pensées de la manière suivante :

« Oui, je crois à l'unité vitale, à l'unité de substance dans l'univers. Mais en quoi la recherche ou la solution de ces questions attaque-t-elle la majesté divine ? Dieu en sera-t-il moins Dieu quand nous aurons penétré plus avant dans les secrets de son œuvre ?

» L'homme, être formé de chair et d'os, n'est qu'un rouage infime d'un tout immense que l'homme être pensant et raisonnable a le droit de connaître jusque dans ses plus petits détails, parcequ'il le domine de toute la grandeur de son âme.

» Arrière tous ceux qui n'ont su tirer de leurs creusets qu'une science sans but, incapable de s'élever au-dessus de la matière dont nous sommes pétris ; qu'une science enfin dont le dernier mot est néant. »

Nous croyons inutile de multiplier ces citations, qui suffisent pour préciser le rôle que nous assignons à la science dans l'ensemble des connaissances humaines. R. C.

(c) Nous croyons à peine nécessaire de dire que par le mot Dieu, nous ne désignons pas un *être spécial* organisé sur le type humain, géant éternel doué de toutes sortes de facultés passées à l'infini, ainsi que cela découle du sens de l'affirmation théologique : « Dieu fit l'homme à son image ».

Une telle conception de la divinité n'est plus de notre siècle et nous respectons *sans commentaire* l'opinion de ceux qui ont foi en un *Dieu fait à l'image des hommes.*

Pour préciser ce que nous entendons par les mots « Dieu, intelligence immatérielle, etc., etc. », mots que nous sommes obligés d'employer, en attendant que le besoin d'exprimer cette conception nouvelle de la divinité produise le mot précis pour la traduire, nous citerons une définition que nous trouvons dans l'introduction des *Colonies animales*, d'EDMOND PERRIER, page 2.

« Le physicien, en son laboratoire, ne peut concevoir la divinité que comme présidant de toute éternité à l'existence de la matière et du mouvement dont elle est la cause première et au fonctionnement des lois immuables qui régissent l'enchaînement des phénomènes. C'est pour lui cette intelligence dont un illustre géomètre, complétant une pensée de Laplace, a magnifiquement décrit la puissance, en disant :

» Une intelligence assez vaste pour connaître à un moment donné la position de tous les atomes de l'univers, la grandeur et la direction des vitesses dont ils sont animés, connaîtrait non seulement le présent, mais pourrait encore prédire le plus lointain avenir et plonger dans les profondeurs du passé le plus reculé. »

(D) Au moment de mettre sous presse, nous recevons communication du sujet de prix suivant, qui confirme ce que nous disons sur les efforts que fait le clergé pour concilier la *science révélée* avec la science expérimentale.

Voici l'annonce du prix telle que nous la trouvons dans le *Cosmos*, n° 371, page 403. 5 mars 1892 :

INSTITUT CATHOLIQUE DE PARIS.

Concours d'apologétique. — Prix biennal de 2,000 francs (Fondation Hughes).

« Partant de ce fait que l'époque où la théologie chrétienne a fixé ces formules était celle où régnaient universellement les fausses conceptions cosmologiques de l'antiquité, les concurrents devront :

» 1° Étudier l'influence que la cosmologie géocentrique a pu exercer sur la façon d'entendre les dogmes chrétiens, notamment la rédemption de l'humanité et l'ensemble des doctrines eschatologiques.

» 2° Examiner la relation de ces mêmes dogmes avec la nouvelle conception de l'univers; par exemple, de la rédemption de l'homme avec la petitesse relative de la terre, surtout dans l'hypothèse de la pluralité des mondes habités, ou encore du ciel, de l'enfer, de la fin du monde, de la résurrection avec la cosmologie moderne.

» Le prix sera décerné le 1er juillet 1893 dans la séance de fin d'année de la Faculté, etc., etc. »

Nous ne sommes pas curieux, mais nous voudrions bien savoir comment les *concurrents* pourront s'y prendre pour satisfaire aux exigences du programme. — En tout cas, on ne pouvait pas avouer d'une façon plus naïve la nécessité de réparer les brèches faites par la science dans les murs de la forteresse sacro-sainte.

En langage *fin de siècle*, style de quatrième page, cela se traduirait par l'annonce suivante :

« On demande de bons architectes pour replâtrer la façade de la Maison. S'adresser..., etc., etc. »

R. C.

Liste des principaux savants africains depuis les premiers sièles de l'ère chétienne jusqu'aux croisades

CIVILISATION ROMAINE

Ptolemée,	égyptien,	astronome,	161 ap. J.-Chr.
Apulée,	africain,	écrivain,	s. Marc-Aurèle
Julius Pollux,	égyptien,	rhéteur,	sous Commode
Athénée,	—	ingénieur-géographe,	193
Elien,	africain,	écrivain,	221
Ammonius,	égyptien,	philosophe,	240
Origène,	—	docteur,	253
Cyprien,	—	—	258
Saint-Denis,	d'Alexandrie,	devint évêq. de Rome,	264
Tertulien,	africain,	père de l'église,	IIIe siècle
Arnobe,	—	rhéteur,	—
Pacôme,	égyptien,	»	348
Optat,	africain,	»	368
Athanase,	égyptien,	père de l'église,	373
Didyme,	Alexandrie,	»	383
Théon,	égyptien,	astronome,	390
Poppus,	—	cosmographe,	393
Saint-Augustin,	africain,	»	430
Hypathie,	(fille de Théon),	philosophe,	440
Claudien,	égyptien,	poète,	sous Théodore
Fulgence,	africain,	écrivain sacré,	562
Victor,	—	—	569

INVASION DES ARABES

Deux siècles infertiles pour les sciences et la philosophie. L'élément gréco-romain disparaît ; il est remplacé par l'élément arabe.

Alboul-Navas,	arabe,	poète,	800
Chalib,	—	—	800
Alib-Ibn,	—	géographe,	800
Mamon,	—	astronome,	825
Alfragan,	—	—	828
Razi,	—	médecin,	922

Abou-Isac,	arabe,	géographe,	924
Gaber,	—	médecin,	960
Schanfedden,	—	géographe,	1010
Abulola-Ahmed,	—	poète,	1057

PREMIÈRE CROISADE (1096)

Alphès,	juif-africain,	orateur,	1103
Algazel,	arabe,	philos.-rival d'Averroès,	1108
Albatègène,	—	astronome,	1108
Abou-Rihan,	—	orateur,	1121
El-Macin,	—	historien,	1123
Mohamed-Edressi,	—	géographe,	1153
Aben-Eska,	juif-espagnol,	médecin,	1174
Averroès,	arabe-cordoue,	—	1206
Alboul-Faradj,	arabe,	historien,	1280
Hazan,	juif-espagnol,	astronome,	1284
Thébit,	arabe,	—	1287
Alboul-Fedda,	—	historien et guerrier,	1342

DERNIÈRE CROISADE (1291)

A partir de cette époque l'Europe reprend la suprématie sur l'Afrique.

COSMOGRAPHIE GÉNÉRALE

Etude des théories transformistes

PROGRAMME DU COURS PUBLIC ET GRATUIT

Professé à Rouen, par M. Raimond COULON, depuis l'exercice 1886-1887

CHAPITRE PREMIER (INTRODUCTION)

I. Historique de la question :

1° Les cosmogénies antiques. — Les premiers cosmographes. — Les philosophes naturalistes grecs;

2° Période antique. — Période métaphysique. — Période expérimentale. — Période synthétique moderne.

II. Fixité et variabilité des espèces :

Opposition et lutte des deux doctrines. — Buffon. — Cuvier. — Lamarck. — G. Saint-Hilaire. — Erasme Darwin et l'influence des besoins.

III. Homogénie et Hétérogénie :

Micro-organismes, Pasteur et Pouchet.

IV. Extension de l'évolution vitale :

Principales lois naturelles — physiques — chimiques — mécaniques — historiques et sociales.

V. Le transformisme :

Il résulte de la discussion de faits d'expériences. — Il a pour base et pour preuve la méthode expérimentale. — Degré de certitude de cette méthode.

CHAPITRE DEUXIÈME

I. Le transformisme et les doctrines philosophiques :

Matérialisme et spiritualisme devant la science.

II. Mécanisme du savoir humain :

1° Données;
2° Examen, — discussion, — mise en expérience des données;
3° Conclusions, résultats, lois particulières ou générales.

III. Quatre modes d'acquisition du savoir :

1° Par l'observation des faits matériels;
2° En provoquant des faits matériels;
3° Par l'observation des faits intellectuels et moraux;
4° Par l'intervention d'une lumière supra-naturelle.

IV. Valeur relative des preuves tirées de ces différents modes d'acquisition du savoir :

Critérium du vrai.

V. Application au système transformiste :

Actuellement il renferme :

Des lois certaines, des lois probables; — des hypothèses probables, des hypothèses libres; — des interprétations expérimentales douteuses; — des erreurs.

CHAPITRE TROISIÈME (COURS)

I. L'univers d'après le système transformiste :

Loi fondamentale : rien ne se perd, rien ne se crée, tout se transforme incessamment.

II. Deux méthodes d'exposition du système :

1° Méthode historique ou analytique, partant du composé actuel pour descendre au simple primordial;

2° Méthode synthétique ou d'enseignement, partant du simple primordial pour remonter au composé actuel. (*Elle est supérieure à la première au point de vue pédagogique. C'est la seule possible quand on s'adresse à des auditeurs libres possédant seulement une instruction moyenne*).

III. Résumé de l'évolution cosmogénique universelle :

1° Hypothèses relatives au cosmos infini et indéfini;

2° Hypothèses relatives à notre univers accessible;

3° Le monde ou système solaire;

4° Notre terre;

5° La vie minérale, végétale, animale, intellectuelle à la surface de la terre — phases diverses;

6° Destruction du système solaire;

7° Destruction de notre univers;

8° Retour au cosmos primitif;

9° Formation de nouveaux univers et de nouveaux mondes avec la matière des anciens;

10° Commencement d'une nouvelle évolution semblable mais non identique à la première. Ainsi de suite dans l'éternelle indestructibilité du temps, de l'espace et de la matière.

CHAPITRE QUATRIÈME

I. Evolution mécanique :

1° Force et mouvement;

2° Théorie des trois unités : matière, temps, espace.

II. Définition des trois unités.

III. Réactions mutuelles des trois unités :

Le kilogrammètre les exprime mathématiquement.

IV. Organisation du cosmos.

V. Etude d'un univers :

Notre soleil n'est qu'une étoile de la nébuleuse qui forme la voie lactée.

CHAPITRE CINQUIÈME

I. Evolution vitale ou organique :

1° Le système de la révélation ne résout pas le problème; Dieu étant une valeur inconnue x;

2° La science est également muette sur cette question.

Probabilités :

1° Un germe unique créé par Dieu;

2° Des germes multiples créés par Dieu;

3° Formation de la matière organisée par le jeu des forces naturelles — protoplasma primordial.

II. Différences entre un germe organique et un élément organique :

Ex. : colonies de bactéries.

La cellule, base de tout organisme, — origine, — développement, — division du travail cellulaire dans les animaux supérieurs.

III. Confusion du végétal et de l'animal :

Algues, — protistes, — amibes.

Stéphanosphœra, — champignons, — mixomycètes.

IV. De la forme et des fonctions organiques :

1° Les formes du protoplasma sont variables;
2° Les fonctions du protoplasma sont fixes.

V. Examen de quelques doctrines transformistes :

1° Lamark, — Darwin, — Hæckel;
2° Flourens et la quantité de vie (anti-transformiste);
3° Le transformisme d'Ed. Perrier (spiritualiste);
4° Le transformisme de De Lanessan (matérialiste);
Et autres.

CHAPITRE SIXIÈME

I. Evolution intellectuelle :

1° Perfectionnement du mécanisme animal, — sensations rudimentaires, — action de la lumière.

2° L'homme et l'animal considérés au point de vue mécanique. — Conclusion.

II. L'instinct, — l'intelligence, — le génie :

Leur apparition successive sur la terre, — leur mécanisme, — leurs conséquences.

III. Marche géographique de la civilisation :

1° Dans le passé : son origine probable : Inde — Assyrie — Egypte — Athènes et Rome — les barbares — les arabes — le moyen âge;

2° Dans le présent : l'Europe actuelle — France — Allemagne — Russie; — Position spéciale de l'Angleterre, analogue à celle de Sidon, Tyr, Carthage et Venise;

3° Dans l'avenir : l'Amérique — le Japon — l'Australie; — le mélange des races; — influence des moyens de transports : vapeur — télégraphie — électricité, etc.

CHAPITRE SEPTIÈME

I. Evolution sociale :

1° Progrès social par la science et la liberté. — Situation individuelle de l'homme. — Dans l'antiquité : esclavage. — Au moyen âge : servage. — De nos jours : droits et devoirs de tous envers tous ;

2° La science élève le niveau des croyances populaires. — Fétichisme primitif. — Polythéisme antique. — Monothéisme moderne. — Spiritualisme contemporain.

II. Conclusions :

1° Le transformisme constitue un système certain dans son ensemble. Les détails seuls restent à préciser ;

2° Il nous enseigne que les lois naturelles sont simples, immuables et éternelles ;

3° Que ces lois ne sont que l'expression des phénomènes produits par les réactions mutuelles de la matière, du temps et de l'espace, résumées en l'axiome : *rien se perd, rien ne se crée, tout se transforme* et traduites d'une façon mathématique par l'unité dynamique le *kilogrammètre ;*

4° Que tout organisme qui ne se *transforme* pas pour se mettre en *harmonie* avec le milieu où il existe est destiné à périr ;

5° Que toute société, corporation, nation ou peuple qui ne se *transforme* pas pour rester en *harmonie* avec le progrès social est destiné à périr ;

6° Enfin, étant donné l'impossibilité d'arrêter le jeu des forces naturelles, on peut dire à tout ce qui joue un rôle actif dans l'univers :

TRANSFORMEZ-VOUS OU VOUS PÉRIREZ.

FIN

TABLE DES MATIÈRES

Rouen. — Imprimerie E. Cagniard, rue Jeanne-Darc, 88.

www.ingramcontent.com/pod-product-compliance
Ingram Content Group UK Ltd.
Pitfield, Milton Keynes, MK11 3LW, UK
UKHW020118200726
13856UKWH00002B/618